U0558629

价值规律

水木然 著

全新
升级版

THE LAW OF VALUE

台海出版社

图书在版编目（CIP）数据

价值规律 / 水木然著.—北京：台海出版社，
2022.7
ISBN 978-7-5168-3306-3

Ⅰ.①价… Ⅱ.①水… Ⅲ.①成功心理—通俗读物
Ⅳ.①B848.4-49

中国版本图书馆CIP数据核字（2022）第076889号

价值规律

著　　者：水木然	
出 版 人：蔡　旭	封面设计：末末美书
责任编辑：曹任云	

出版发行：台海出版社

地　　址：北京市东城区景山东街20号　　邮政编码：100009

电　　话：010-64041652（发行，邮购）

传　　真：010-84045799（总编室）

网　　址：www.taimeng.org.cn/thcbs/default.htm

E-m a i l：thcbs@126.com

经　　销：全国各地新华书店

印　　刷：天津光之彩印刷有限公司

本书如有破损、缺页、装订错误，请与本社联系调换

开　　本：880毫米×1230毫米　1/32

字　　数：155千字　　　　　　印　　张：7.5

版　　次：2022年7月第1版　　印　　次：2022年7月第1次印刷

书　　号：ISBN 978-7-5168-3306-3

定　　价：49.00元

版权所有　翻印必究

目录 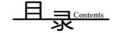Contents

第三章
商业的规律

第四章
社交的法则

第五章
人性的弱点

第六章
做人的法则

第七章
洞悉本质

第八章
取胜未来

第一章

变革的规律

一切都即将被取代

每一种变革都有相似的逻辑，要么是我比你的价格更低，要么是我比你更快捷，要么是我比你更精准。

其实，社会就是一个关联的链条，我们不能孤立地看待某一个现象，要串联起来去分析。

几年前我们经常听实体工厂的老板抱怨，说自己如何被互联网冲击，如何被金融吞噬……

如果思考一下二十年前工业是如何"收割"农业的，就会明白现在制造业为什么被互联网"收割"，互联网又为什么被资本"收割"。

这些，都只是历史演进中的一个个现象。

社会一步步前进，财富不断产生，循环流动，生生不息。

我们来具体看一下这种现象。

第一轮"收割"：工业对农业。

我们都知道工农剪刀差，其实是由工业产品和农产品的定价机制不同造成的。农产品主要是指主粮。民以食为天，所以定价权在国家手里，即便有一些波动，但是因为分散化经营，农民的议价能力也极弱，因而在由市场定价的工业产品，如化肥、农药等面前很被动，这就造成了工业对农业的"收割"。当然，这也是为了促进工业的发展。

第二轮"收割"：互联网对制造业。

当互联网完成信息对接的任务后，经济运作逻辑全变了。工业思维是线性的、连续性的、可预测的；互联网思维是断点的、突变的、不可预测的；工业经济关注的是有形产品的生产和流通，有形的空间对它来说既是优势，也是一种阻碍。

而互联网经济可以把人、货物、现金、信息等一切有形和无形的东西"连接"起来，完全突破物理空间的限制。工业抢空间，互联网抢时间，这是完全不同层次的思维。

"高维"当然能"收割""低维"。

第三轮"收割"：资本对互联网。

资本专门寻找价值洼地和最大化增值空间，当资本嗅到有其发展增长的空间之后，当然会插足进来。既然互联网抢的是时间，那时间就会推着互联网往前跑。当资本得到它预期的利润之后就会撤出，留下一个空壳，所以很多公司成也风投，败也风投。

资本变得越来越大，当资本试图一手遮天的时候，制度会出面调控和干涉，严格管理资本，从而让社会进入健康的发展之中。

知人者智，自知者明，胜人者有力，自胜者强。从现在开始，每个人都需要一场自我变革。懂得变化，不如善于进化。跟随这个日新月异的世界一起进化，你就能立于不败之地。

进化，就是时刻要有一种归零的心态，随时抛弃你已有的成功，匍匐前行。如果你把困难当成一种刁难，你一定会失败；如果你把困难当成一种雕刻，你就会变得越来越完美。

人，千万不要把已经拥有的或者之前的成功看得太重。否则，那些会是你下一次成功的绊脚石。

如果你把它们看得很轻，甚至踩在脚下，它们将成为你的垫脚石。

世界最需要迭代的不是产品，而是人的思维。

品格的源泉

中国人的信仰究竟是什么？

中华民族上下绵延五千年，历经风雨和磨难，始终屹立于东方的真正原因是什么？

或许我们可以从古代神话里找到原因。我们发现中国神话中的那些故事永远只围绕一个核心：面对自然不屈服，敢于抗争。而且，中国人自古以来就坚信，只有"人"，才是改变世界的根本力量。

每个国家都有"太阳神"的传说，在部落时代，太阳神有着绝对的权威。纵览所有关于太阳神的神话你会发现，只有中国的神话里有敢于挑战太阳神的故事。

有一个人为了采撷火种，就去追太阳，想要把太阳摘下来。这是夸父追日。

而在另一个故事里，干脆直接把太阳射下来了——后羿射日。

在西方的神话里，火不是上帝赐予的就是普罗米修斯偷来的；而在中国的神话里，火是通过钻木，以坚韧不拔的精神摩擦出来的！这就是区别，我们的祖先用这样的故事告诫后代，要敢于与自然做斗争——钻燧取火。

面对末日洪水，西方人在挪亚方舟里躲避，但在中国的神话里，我们的祖先战胜了洪水。看吧，仍然是斗争，与灾难做斗争——大禹治水。

假如有一座山挡在你的门前，你是选择搬家还是挖隧道？显而易见，搬家是最轻松的选择。然而在中国神话里，有个人却直接把山搬开了——愚公移山。

一个女孩被大海淹死了，她化作一只鸟，想要把海填平——精卫填海，这就是抗争。

一个人因为挑战天帝的神威被砍了头，可他没死，而是挥舞着斧子继续斗争！于是"刑天舞干戚，猛志固常在"成了一种对生命不止、抗争不息的描述。

中国人的祖先用这样的故事告诉后代：可以输，但不能屈服。

　　我们在这些神话故事的熏陶下长大，勇于抗争的精神已经成为遗传基因。这就是中国屹立至今的原因。

　　在中国，各种名著和传说里的神仙、妖魔都是"人"变的，比如《封神演义》里的诸神，《八仙过海》里的八仙，比如关公、托塔李天王、钟馗、华佗，这些神都是被大众册封的"人"。所以人们其实从来不崇拜神仙，只崇拜英雄。

　　这种敢抗争、不怕输、不服气的性格，才是我们的民族精神。我们坚信人是改变世界的最主要力量，这也是我们的信仰。

　　西方人向外求，而我们却向内求。我们需要通过激发自己的潜在能量来改变世界。研究人，研究人心，研究人性。唯有人，才是改变世界的根本力量。

　　中国是一个以人为本的国家，所有的问题到最后都是人的问题，是人的品格、修养、格局的问题。

经济学的本质

当今世界经济形势复杂又多变，各种暗流涌动，很多人因看不透而焦躁不安。

那些顶级的经济学家一直尝试去探索其中的规律，然而各种高大上的理论都用上了，始终无法找到答案。

其实，试图用经济学里的概念去解释所有的经济现象，一定是得不到答案的。

因为"经济"本身就不是具体客观存在的东西，它只不过是我们为了更好地理解社会的运转而发明的一种概念。你用一种并不具体客观存在的东西去描述有形的社会，一定会越描越模糊。

经济学根本没有那么晦涩难懂。经济学里的很多复杂问题，都能在数学、物理中找到非常明朗的答案。关于世界经济走向，这个在经济学家们眼里重大而又复杂的问题，只需用一个字的物理概念就可以描述得淋漓尽致。

世上很多事物的本质其实都是相通的，所谓一通百通，透过一滴水要能看到整个大海。

接下来我将通过剖析这个简单的字，向大家说明经济现象，揭示未来经济走向。

这个字就是物理学中的一个概念，叫作"熵"。

什么是熵呢？

我们知道，物体都是由粒子组成的，粒子又是不断运动的，但是这种运动往往是"无序运动"。熵就是衡量一个物体里的粒子做运动"无序化程度"的概念。

所以，熵越大，意味着物体内部越混乱；熵越小，意味着物体内部越有序。而运动的粒子具备能量，当不同方向运动的粒子碰撞在一起时，很多粒子身上携带的能量就彼此消耗了。

也就是说，当熵处于最小值时，整个系统处于最有序的状态。这也就意味着每个粒子产生的能量都会统一地收纳和释放。此时，系统的能量集中程度最高，有效能量最大。

相反，当熵为最大值时，整个系统为有效能量完全耗散的状态，也就是混乱度最大的状态，此时粒子携带的能量被彼此的碰撞消耗。

所以一个系统的能量，可以用它内部粒子运动的"有序化"去衡量。即熵越小，系统能量越大，也越稳定。

比如互联网之所以有如此强大的革新力量，就是因为计算机是高度有序的系统。

我们可以把社会看成一个物体，每一个人就相当于物体里的一个粒子。

一个井然有序的社会，相当于每一份能量都能被合理利用和转化，从而产生能量聚合的效应。

资本主义世界的主流经济运转模式遵循的是自由市场经济模式，什么是自由市场经济呢？

这就要从二百多年前的一本书说起。这本书就是被尊为西方经济学"圣经"的《国富论》，作者亚当·斯密也被誉为"现代经济学之父"。这个称号是后人封的，他本人是一个哲学家、历史学家、社会学家，这一点更证明我们开头提到的观点：真正的经济学家，谈论的根本就不是那些复杂难懂的经济概念。

《国富论》的中心思想在于：人们的各种行为都是从"利己心"出发的，因为每个人都知道自己的利益所在，都会努力使自己的利益最大化。这种"利己心"会指导大家朝着最容易赚钱的方向努力。

按照这种逻辑，只要社会上的人都自由行动起来，看似杂乱无章的自由市场，实际上是拥有自行调整机制的，比如越是社会所需要的地方，利润就越大。它将自动倾向于生产社会迫切需要的产品。这种生产可以促进社会的繁荣。但当一个地方投入某种产品过多时，其行业利润便会减少，于是大家会自然地减少这个方向的投资。因此，纵使没有任何法律政令的干涉，这种"利己心"也有一种内在平衡作用。这就是一只"看不见的手"，控制着市场和价格规律，并将个人利益和公共利益两者统一起来。

也就是说利己主义会跟社会公共价值统一起来，因此作者主张政府尽量减少干预，人人都要自由行动起来，把"自由竞争"奉为上上策。这引出的就是自由市场经济。

1776年，"看不见的手"理论正式出世。这一年正好是英国工业革命的开端，也是自由市场经济的代表——美国的诞生之年。

这个理论迎合了西方国家发展的大势。因为很多国家在此之前还处于封建体制之下，一片死气沉沉，而自由市场经济一诞生，就相当于激发了物体内部的每一个粒子，让它们运动了起来，从而形成了一个运转的系统，具备了更强的能量。

其后西方二百多年的发展逻辑，都没有逃脱这本书的理论。欧洲许多国家和美国是自由市场经济的践行者，尤其美国作为自由市场经济的代表，其近代以来的经济发展证明了这种理论的可行性。

二百多年过去了，基本上遵从这个理论的国家，经济都发展了起来。

如果把人类社会看成一个物理世界，"自由市场经济"的诞生就像当年牛顿发现"万有引力"定律一样经典。万有引力揭示了万物的互相作用和关系，"看不见的手"则推动了自由市场经济的发展。

但老子有句话：道可道，非常道。这个社会没有永恒不变的道理。

1687年，牛顿出版了《自然哲学的数学原理》，标志着经典力学理论的确立。1905年，爱因斯坦建立了狭义相对论，将牛顿的经典力学理论推翻重建。2015年，量子力学理论的确立，又让世人重新审视相对论。

《国富论》在出版一百年以后，已经开始暴露了它的有待完善之处。

如果按照《国富论》的论述，整个社会将会持续、有序地发展下去，但是刚过几十年，资本主义国家就爆发了世界上第一次"经济危机"。

从此以后，世界从未摆脱过经济危机的冲击。每次经济危机都严重地破坏了社会生产力，使社会倒退几年甚至几十年。

现在，我们可以发现越来越多的国家的经济出现了严重的问题，比如债务问题、货币超发、实体衰退等。

东南亚金融危机，日本房地产崩盘，阿根廷、土耳其国家货币的崩溃，欧洲各种"黑天鹅"的频出，以及中东等地的区域动荡……各种迹象反复证明一件事：自由市场并不是完美的。

如今，全球经济已经遇到了一个临界点。

按照凯恩斯当年的说法，全世界三百年内不会有人像爱因斯坦推翻牛顿的理论那样，去推翻亚当·斯密的《国富论》。可现在《国富论》诞生已经接近三百年了。

如果按照每个人利益最大化的原则，每个人虽然都会有一股冲劲，但是每个人产生的效能会互相抵消。这就是我们上面说的，虽然粒子在运动，但是物体的熵太大。

举个例子，有个没有红绿灯的路口总是堵车，一堵就是两三个小时。路面的车也不多，但就是无法疏通。但只要在路口观察半个小时，就明白了堵塞的根本原因：每一个开车的人都见缝插针，看见一个缝隙就抢着填上，根本不顾及其他车辆，于是大家都在那里堵着，宁可坐在位子上干等，也不愿意彼此谦让空出一条道来。但如果有人挺身而出去指挥这些车辆，该退的退，该让的让，就能慢慢恢复交通秩序。

这也是说，"自由"一定要建立在"自律"的基础上。很多人总是崇尚自由，却无法做到自律。在这种情况之下，必须有规则来维系社会的运转。自由市场经济的发展也是这个道理。

打个比方，为了缓解交通拥堵，有人主张在马路上多设置一些红绿灯，有人主张减少一些红绿灯。不管是增加还是减少，这都是在设置规则。

人性有自私的一面，人的行为有时是损人不利己的。

如果一个社会里，所有人都追求金钱最大化，人们一定会被逼得变"坏"。这时无论科技怎么进步，其内耗都会很严重，经济都会很萧条，因为人们的聪明才智互相抵消了。

三百多年前，资本主义经济刚刚开始起步，如今世界自由度已经充分释放，此时应该加强对"人"的管理，提升社会的秩序性。

因此，世界经济的下一个方向一定是提高社会的秩序性。对我们个人来说，只要记住这一句话：自律的人，才有资格谈自由。

熵增定律

人活着就是在对抗熵增定律。

任何一个系统，只要是封闭的，且无外力做功，它就会不断趋于混乱和无序，最终走向死亡。这就是熵增定律的实质。

比如手机会越用越卡，电池电量会越用越少，屋子不收拾会越来越乱，企业不调整和优化会越来越低效，等等。

所以电脑和手机需要定期清理垃圾，人要保持清醒和自律，企业要不断地调整结构，这些都是为了对抗熵增定律。

中国有句话叫"家和万事兴"，因为一个家庭和睦的时候，就是熵最小的时候。"和"，意味着成员之间有默契，无摩擦。"以和为贵""天时地利人和"，也是这个原理，"和"意味着熵值最小。

人的价值就是为了使各种系统不断地从"无序"变成"有序"。"有序性"是世界上一切生命力和效能的本源。

那么如何才能对抗熵增定律？

一、保持开放

无论是一个人还是一个企业，在没有外力干涉的情况下，其本能都是越来越走向封闭。

一个人如果没有外力督促，就会活在自己固有的思维里，或者活在自己的偏见里。

叔本华说过，世界上最大的监狱是人的思维。如果仔细检查我们过往犯过的那些错误就会发现，绝大多数过失都是我们自己的思维局限带来的，所以人的思维和认知必须保持开放，要随时接纳新信息，这就是我们思维的兼容性。

一个企业，如果没有外界的压力（环境、政策、市场等因素的改变），就会在固定的模式里循环，逐渐走向守旧。

华为每年淘汰10%的干部，5%的员工。很多公司都是这样，没有新鲜血液就会走向沉寂。

未来一切资源都将变得开放，支持共享，一切边界和围墙将被打开，行业、职业、专业之间的界限越来越模糊，开始互相越界、穿插和共享。

一个厉害的企业，往往是无边界的，是一个手握用户资源，击穿了不同领域之间的篱笆，并将其做成融会贯通的创新型组织。

同样的逻辑，人的能力边界也将被彻底打开。一个厉害的人往往能够在不同思维路径上找到交汇点，成为一个游离于各种状态之外的人，这就叫"跳出三界外，不在五行中"。

二、终身学习

学习的本质就是做功，一个系统只要有外力在做功，就拥有了源源不断的能量支持。

巴菲特的合伙人芒格说：我一生不断地看到有些人越过越好，他们不是最聪明的，甚至不是最勤奋的，但他们往往是最爱学习的。巴菲特就是一部不断学习的机器。

这个时代要求我们必须坚持不断学习。计划赶不上变化，变化不如进化，如何保持进化？就是坚持终身学习。

学习是一种做功，是防止熵增的最好外力，学习可以让我们突破自己的局限，比如很多人说我不善于演讲，我不善于表达，我不善于逻辑，等等，而实际上各种研究表明：人类是可以通过练习、坚持和努力，去不断挑战自己的能力边界的。

唯有学习才能让我们突破自己，并且还要让突破的速度大于熵增的速度。

三、坚持自律

人在没有外力的干涉时，是不断地走向无序状态的。如果我们对生活放任不管，或者放纵自己，那我们的生活就会变得越来越混乱。

人为什么要自律？因为自律的本质就是把"无序"变成"有序"。

当然自律会有痛苦，但是这只是当下的痛苦，未来却是越来越美好的；懒散是当下很舒服，以后总有一天是要还的。

比如现在短视频很流行，我们总能轻而易举地享受各种火爆刺激的视频，但如果我们就此陷入一个个短平快的刺激中不可自拔，时间一长就会丧失独立思考的能力，丧失上进心，变得越来越慵懒。

互联网是一把双刃剑，一方面给我们提供了各种便捷，但同时也让我们放松努力。

从来没有任何一种东西能像互联网这样对人性洞察得如此彻底，很多充满感官刺激和无规则游戏的庸俗文化在其中大行其道。

越是这样的时代，越凸显自律的重要性。

四、远离舒适

人生的熵越大，生活就越平衡，人也就越舒适，但也就越接近懒惰的边缘。

所以我们要时刻提醒自己，不断地走出各种舒适区，不断地打破自己的平衡，主动迎接各种新挑战。

挑战的本质就是混乱性和无序性，我们当前主动迎接的挑战越多，克服的挑战越大，未来的生活才能越有序，才能由我们自己掌控。

世界唯一不变的就是变化。未来没有稳定的工作，只有稳定的能力。未来只有一种稳定：是你到哪里都有饭吃。稳定的本质，就是你拥有化"无序"为"有序"的能力，而不是始终躺在那里享受一成不变的生活。

一定要记住一句话：如果你发现生活百无聊赖了，说明你已经趋于平衡了，这时你必须主动打破这种平衡，尽量走向更高维度的和谐，否则你将面临被淘汰的危险。

五、颠覆自我

人本能地眷恋原有的地方，或者习惯于把自己固有的性格和行为路径当作最合理的状态，本能地排斥跟自己不一样的东西。

也因此人总是会变得越来越傲慢，故步自封，不能对外界事物做出最客观的评价。

人的行为有三种境界：

第一种境界：为了生活，做不喜欢做的事。

第二种境界：只有做自己喜欢的事，才可以更好地生活。

第三种境界：驾驭各种新鲜事物，不再区分喜不喜欢。

真正的强者，是"无我"的。他们已经没有偏见，对事物不再分喜欢和不喜欢，他们能从容地做各种事。

因为做到了"无我"，所以就不会跟外界有冲突，因为没有了"我"作为参照，所以也就没有了混乱，一切存在都是合理的。

一旦到了第三种境界，人就没有任何阻碍。海纳百川，有容乃大。所有的绊脚石都能成为人的垫脚石，让人攀得更高，看得更远。

每个人都需要一场对自己的变革，需要把自己推倒重建。

综上所述，保持开放，终身学习，坚持自律，远离舒适，颠覆自我，这五点就是我们对抗熵增的最好方式！

人生就是一场修行。我们所经历的每一件事，我们遇到的每一个人，都是为了把我们推向更加合理的位置，为了让我们的行为路径更加井然有序。

　　这就是生命的玄妙之处。人总是试图使自己更加强大，生活更加有序，然而一旦抵达了这种最和谐的状态，又必须马上打破这种平衡，再竭力使自己走向更加高维的和谐，也就是说人永远都不能停下来。

　　或者这就是人生的真谛：生命不息，奋斗不止。

第二章

个体的崛起

知道与做到

经常有人这样说："知道容易，做到太难。"

或者这样说："我知道了，但是做不到。"

为什么很多人知道了，但还是做不到？

为什么很多人懂那么多道理，依然还是过不好这一生？

原因很简单，大部分人的"知道"都是一个假象。

其实真正的"知道"远比"做到"难。

举两个例子大家就明白了。

例子一：你很想成为跨栏世界冠军，你去问刘翔该怎么跨栏，刘翔总结了三个步骤：先怎么起步，再怎么抬腿，最后怎么落脚。于是你牢牢记住了这三点。

现在问题来了，你即使知道该怎么做了，但是你依然跑不出他的成绩。

例子二：你在跑步的时候，知道自己是先迈左脚还是先迈右脚吗？知道自己是手先动还是脚先动吗？很多人肯定没注意这些细节，也不知道这些细节，但能确定的是，你肯定是会跑步的。

现在问题来了，你即使不知道自己是怎么跑步的，你还是会跑步。

有些事你即使"知道"了，却还是做不到。

有些事你虽然"不知道"，却可以完美地做到。

这就是说，不是从外界获取了道理、经验、知识等等，就叫"知道"了。只有当一种行为成为你的本能的时候，才能叫"知道"。

而你的那些本能，具体是怎么运作的，往往是只可意会不可言传的。

刘翔是怎么跨栏的？姚明是怎么投篮的？其实他们也不知道其中的细节，因为那是他们长期训练出的结果，他们已经让动作和身体融为一体，最终成了一种本能。

你非要他们总结出个一二三也未尝不可，只是他们的理论未必适合你。他们的经验和技巧，是最适合他们自身情况的，而你直接拿来用，不见得会成功。

同样的道理，很多人的成功，根本就不是他们总结出来的那样简单，其中是有很多复杂的原因和要素的。

为了总结经验，往往需要忽略很多细微要素，但是任何一个细微要素都可能成为决定成败的关键。

因此凡是总结出来的经验，都不是真正的经验。

《道德经》里有一句话："道可道，非常道。"意思是，凡是能用语言表达出来的道理，都不是永恒的道理，都是可以被攻破的，总有它不成立的时候。

《道德经》里还有一句话："知者不言，言者不知。"意思是，真正知道的人，因为明白他们知道的东西是无法表达出来的，所以早就不说了；而那些在说的人，往往都是不知道的。

王阳明的"知行合一"，意思其实是，真正的"知道"是和"行为"统一起来的，"知道"即"做到"。只要你能"知道"，一定可以"做到"。你之所以做不到，只是因为你不知道而已。或者你所谓的"知道"，只是自以为知道而已。

还有句话：智慧不可传。知识和经验可以传授，但智慧是传授不了的，它只能靠自己去悟。学到的是知识，悟到的才是智慧。

"知道"这个词说起来容易，我们几乎每天都在说，但是要真正地做到"知道"太难了。即便只从"认知"层面去分析，真正地做到"知道"也很难。因为知道的"道"，就是老子说的那个"道"，是规律、是原理、是本质、是真相。当我们通晓到这个层面的时候，才能叫"知道"。

最后，请大家记住两句话：

第一句，获取知识的能力，比知识本身更重要。学习是为了打开自己的思维，健全自己的思考模型，让自己随时处于开放和迭代的状态，这样就可以随时随地获取知识。

第二句，别人告诉我们的道理，和我们所学到的知识与技巧，其实并不属于我们，只有在某一刻，它与我们的经历相结合，成为我们本能的时候，才能真正成为我们的东西。

被误解的"应试教育"

　　长期以来，很多家长和网友都崇尚西方的"素质教育"，排斥"应试教育"，然后总是找机会把孩子送到国外去读书。

　　然而中西方教育的深层次区别是什么？我相信大部分人都没有搞清楚。

　　有一部由英国广播公司拍摄的纪录片《中国老师在英国》曾经受到很多人的关注。在纪录片中，西方教育的自由散漫与中国教育的严格严谨形成了鲜明的对比。

　　西方的教育环境确实很宽松，学生不需要每天完成那么多作业。对他们来说，读书更像是一个社交的过程。他们更多的时间是在一起交流、分享，一起参加各种实践和活动。

　　西方的这种教育更像一种基础性供给，学生都来一起学习，学校是自由的、包容的。但是普通人的孩子和富人的孩子是两个世界的人，即使到了学校也是如此。

如果教育质量取决于家庭背景，那对一个普通人家的孩子来说，教育就成了奢望。

西方的教育只能为孩子提供一个学习成长的平台，看似让孩子自由、平等地成长，但是环境越自由，越容易形成强者恒强、弱者恒弱的趋向，最后那些普通人家的孩子就自然被淘汰了。

而中国的教育是更看重"考试分数"的，因此，这成了很多普通家庭向上攀登的阶梯。平民子弟也可以很优秀，只要你敢于吃苦受累。

现在我们不是提倡教育改革吗？于是很多家长和网友开始叫嚷要实行精英教育，但是我们不能贸然就跟西方学。

举一个例子，你就明白盲目去学习精英教育的可怕之处了。

我曾经见过一个中学老师做的一张表格，上面除了有每个学生家长的联系方式之外，还记录着这些家长的身份和职位，比如某某公司总经理、总监，当然也有普通职务之类的。

大家不觉得这样的教育变味了吗？一旦学生与学生的不同不再以分数为主要区分标准的时候，那么学生的背景因素就会突显出来，学生受到的教育就和自己的家庭背景有关，这是多么可怕又可悲的事！

虽然中国的教育竞争激烈，但更能让平民子弟实现向上的流动。一旦一味模仿西方的精英教育，那么就会降低中国普通家庭的孩子上升的可能。而且偏远地区的学生更无法和城市的学生一起竞争，这只能让贫富的差距进一步拉大。

目前，中国至少还有一种手段，可以把各种背景的孩子放在一条起跑线上，这就是高考。很多孩子为了改变自己的命运，拼命苦读。

高考是只认分数的，无论你的家庭背景如何，经济状况好坏，你都得努力拼搏，然后用分数作为能否进入大学的唯一标准。

高考，是一种公平的制度。

广大普通人希望通过自己的努力改变自己的命运，而一旦落实西方所谓的精英教育，那么普通家庭的孩子基本上就被边缘化了。

英国还有一个纪录片叫《56UP》，导演选择了十四个不同阶层的孩子进行跟踪拍摄，每七年记录一次，从七岁开始，十四岁，二十一岁，二十八岁，三十五岁，四十二岁，四十九岁，到五十六岁。几十年过去了，贫困家庭的孩子长大依然是穷人，富有家庭的孩子长大基本都成了富人。

而在中国，读书可以改变命运。虽然读书未必会让人们大富大贵，但是起码可以让人们在社会上立足，可以让人们明心见性，可以更好地去理解世界的变化。

在基础教育过程中，高压式的灌输教育使学生默默接受了很多知识，这些知识即使当时消化不了，但却会沉淀在他们心中，将来都会潜移默化地形成一种逻辑思维能力。

要知道，没有一个科目是多余的：数学锻炼你的逻辑，物理让你深刻，化学让你学会看微观，语文让你陶冶情操，历史让你看懂规律，地理让你看透万象，生物让你看透生命……

恰恰是这些基本知识，使人们对这个世界的认知更加深刻了。正是有了众多知识做积累，才有了从量变到质变的过程，最终升华成了智慧。

普通人一生至少有两次改变命运的机会，第一次是高考，第二次是创业。我们必须谨慎地对待它们。

兴趣和价值观是未来的竞争力

有些年轻人，尤其是白领们，有一个很大的思想误区：他们总是以为自己的表现优于父母，认为父母落伍了……其实，这不过是因为经济结构转型所造成的误会而已。

在写字楼的格子间里，吃力地做着PPT的年轻人和当年踩着缝纫机的工人们，其实没有本质区别。同理，现在年轻人在群里争先恐后地抢红包，和当年父母在菜场讨价还价，多一分还是少一分，状态差不多；现在年轻人非要给手机套个壳，和当年父母非要给电视机遥控器套个塑料袋也差不多；现在每天拿着手机刷朋友圈和微博的人，和当年蹲在墙角嗑瓜子聊天的人，也没什么区别。

从某种意义上来说，社会的变化，不过是外在形式和工具的变化而已。

同样，随着新一轮经济的转型，这些在写字楼里做PPT的白领，也即将重复当年那些纺织工被淘汰时的情景……

现在开始思考两个问题：

一、如果把名片上的公司名字划掉，你还剩什么？

二、如果离开你所在的平台，你还能做什么？

一场专门针对白领的危机正在袭来，如果看不透这场大变局，等轮到一个人被淘汰的时候，他连叫一声的机会都没有。

其实，比企业"倒闭潮"更惊心的是人的"淘汰潮"。

我们先来思考一个问题：为什么我们经常听说"公司"（或其他组织）倒闭，而没有听说过"人"的倒闭？

其主要原因是：以前，公司是社会的基本组成单位，一切经济反应只传导到"公司"这个基本单元。

之前，公司为了提高生产效能，需要让目标和行为尽量保持一致，这就要去除"人"的差异性，把"人"机器化，变成千人一面。由上层的少数人发布命令，让下层的大多数人去执行，这就形成了金字塔式结构。

于是公司成了社会经济的基本组成单位。公司的效能决定它存在的价值，效能低下的公司被淘汰，而人只是公司的一分子，如果所在的公司不行了，不过是换另外一家公司。所以，人是永远都有饭吃的。

但是在互联网时代，我们惊讶地发现，公司不再是社会的基本组成单位，大量个体被解放，个人成了社会的基本组成单位。

之前，个人的爱好和需求无法被精准对接，只能被归类，但是互联网却可以精确、高效地将个体需求激发并对接个体的特长，让每位个体都能实现自我，把"面对面"变成"点对点"，比如大量的设计师、咨询师、律师、会计、美甲师、保姆、司机等，都开始脱离企业去发展。过去受限于市场规模不能成立的特色小生意，现在可以利用互联网找到客户。

毫无疑问，随着人工智能、大数据、云计算、定制化水平越来越高，这种趋势的发展也会越来越快。

这就是我反复强调的个体崛起的原理。

于是，社会从金字塔形状变成了网状，与之相伴的是"人"的升级——

过去，"我"不需要知道自己是谁，"我"只要按照命令去做事。

现在，"我"是谁并不重要，重要的是"我"能发挥多大作用。

未来，要知道的是，"我"究竟是谁？"我"能为世界创造什么？

所以，"人"的主动性、独立性越来越强，可施展的空间也越来越大。

人的创造性，只有这个阶段才能充分发挥。

最可怕的是，时代已经不是那个时代，人还是那个人。有些人还总是在等待指令，太缺少主动性，这其实和坐以待毙没什么区别。

既然个体被明晰化了，未来每个人都必须明白自己的责任、权力、利益，这才是真正的"三权分立"。

你要用你的长处去创造"权力"，然后你所得到的每一分"利益"，都对应你承担的每一份"责任"。

今后不会再有人告诉你该怎么做，你能接收到的信息最多是一个目标，而不是一项任务。

世界要淘汰的，就是那些无力承担"责任"，却无度索要"权力"和"利益"的人，或者因为找不到自我，而无法定位的人。

电商兴起之后，绝大部分产品的价格都被拉低了，为什么呢？因为产品的同质化太严重了。大部分产品都是千篇一律的，凭什么你的卖得贵？

同理，有些人之所以越来越累，是因为与别人的同质化太严重了……

有些人一生最大的悲剧就是，从进入学校到离开学校的这二十几年里，没有一个老师能启发他们如何认识自己：我的性格如何？我有什么优缺点？我适合做什么？

也很少有家长去有意识地启发孩子更加深刻地认识自己，这些家长完全忽视了孩子的内在动能和潜能，导致孩子长大之后成为"千篇一律"的人。

这就是固有观念和当今时代的错位：我们辛辛苦苦地读了二十几年的书，本以为自己满腹经纶，时刻准备大干一场，到了社会上，才发现自己只不过是资质平平、平庸无奇的泛泛之辈。

其实哪有什么阶层固化，只是人与人之间严重趋同、严重同质化而已。产品同质化最多导致产能过剩，而人的同质化会导致社会乱了章法：没有兴趣、没有特长，无论做什么都是一拥而上、趋之若鹜。

以前衡量一个人的价值，是看他被打磨的成本是多少，不需要他有很多想法，只需要他很容易被管理和使用。这个时候人只不过是大机器上的一个零部件，而现在衡量一个人的价值，是看他的个性和特长究竟有多出众。太需要他有自己的想法了，甚至要能超越框架的束缚，善于各种创新。

经济升级一般分为三个阶段：第一个阶段是制造业升级——旧式工厂关门——部分工人回农村（推动农业升级）；第二个阶段是服务业升级——吸纳了部分工人（比如快递员、送餐员等）；第三个阶段是经济结构升级——传统企业倒闭——白领失业潮开始。

那么，这些因企业转型而失业的白领该怎么办？可以肯定的是，他们既不可能回农村，也不愿意转型。这就是当下正在发生的事。

当工厂里的蓝领们已经大规模地被机器取代的时候，再想想那些在写字楼里整天做着内容重复的PPT的白领，他们在人工智能时代，还能安稳多久？

不要羡慕那些所谓优秀的人，他们应对变化的能力也非常薄弱，外界环境一旦有变，如果看不透大局，就会被淘汰。

出路在哪里？除了自己之外，没有人能救他们。

未来，越稀缺、越有特长的人或企业越有价值。无可取代即等同于无限价值。

中国经济的上一波红利是"人口红利"，人口红利是按人头算的。下一波红利是"人心红利"，是将每个人内心深处的热爱和兴趣激发出来。

未来会有越来越多的"爱好"变得实用。很多小众兴趣、小众价值观、小众梦想都能被成全。百花齐放、百家争鸣，这才是社会大繁荣的基础。

未来是一个变革的时代，传统组织会在转型过程中遭受撕裂一般的剧痛，一部分人会因为适应不了这种变化而愤愤不平，他们会因为沦落为泛泛之辈而倍感失落。那时你若不能创造价值，就没有存在价值。

未来也是一个最好的时代，每个人都能各尽其才，才华和创造力再也不会被琐碎的生活所摧残。不管你是想劈柴喂马、面朝大海，还是想周游列国、隐居桃源，都可以凭借兴趣和才华过上自己所向往的生活。

社会的一次次进步，就是人们找回自己、各归其位的过程。

不管你信不信，这个世界只会变得越来越公平。故步自封、落后守旧者一定会被淘汰，创造者与创新者一定能获得更大的自由。

最后让我们一起回味这段话：生活从不眷顾因循守旧、满足现状者，而将更多机遇留给勇于和善于改革创新的人们。在新一轮全球经济增长面前，唯改革者进，唯创新者强，唯改革创新者胜！

我们即将迎来最好的时代，现在需要思考的是：如何在这个最好的时代里，做一个最好的自己。

在未来，要让自己越来越有价值

未来是个体崛起的时代，会发生哪些变化呢？

未来很多公司都将解散，因为人越来越贵，协调人的成本越来越高，与此同时产品的利润却在降低，两头倒逼之下，很多企业都没有了继续存在的价值。

未来，无数个体品牌将崛起。越来越多的人，找到了独立存在的价值。他们灵活多变，特征明显，他们输出的内容、产品、服务，越来越符合各种小众人群的需求。无数个生产个体，各自服务自己的消费者，最终成全的依然是大众。

未来，经验将变得越来越不重要。很多人的经验主义相当于拿着鸡毛当令箭，敝帚自珍。唯有创新才是根本，所以很多人必定被淘汰。

未来人员的流动效率越来越高，大家都是革新的一块砖，哪里需要往哪里搬；分包和众包是未来作业模式的主流。

未来公司和职位的模式会被团队和任务取代。团队是流动的，任务是随时的，以各项任务为核心，社会上将不断地发起一场场"会战"。究其本质，这是人类协作效率的大提升。

未来人们的收入形式方面，项目结算制将逐渐代替薪资制。项目完成的周期会越来越短，提成的计算方式也会越来越精准。

未来公司的业务模式方面，股权制将逐渐代替项目收费制，很多公司都将深度参与客户项目。

未来的公司必须精细化管理，高效协作。将专业的事情交给专业的人去做，将专业的资源匹配合适的产品，然后集中精力经营公司品牌和信用。

未来企业的核心资产，不再是设备和人员，而是品牌和信用。

未来的协作是全球性大协作，就像苹果手机：来自美国的核心设计，来自英国的ARM处理器，来自日本的闪存，来自韩国的CPU和显示屏，来自中国台湾的摄像头，与来自中国大陆的流水线，被有机整合在一起，再将成品邮寄到阿拉斯加，分发到全球接近五百家零售店与消费者见面。

未来的企业必须平台化，就好像苹果公司本身并不开发各种应用程序，而App Store里面却有超过三百万个App，这几百万个应用程序与上亿消费者实现了连接，也因此养活了无数个小而美的开发团队。这就是平台化企业的价值。

互联网实现了信息对称，区块链正在实现价值对称。在区块链成熟的社会里，价值创造者将会碾压一切投机者，碾压一切特权。区块链时代早晚都会到来，现在只是留出了一点儿时间，让那些既得利益者有颜面地退出。

对于个人来说，未来由于自由时间和空间越来越大，所以自我管理能力的重要性仅次于创新能力。自我管理是一种自我约束，也是一种自我发掘，这一点任何人都帮不了你，只能靠自己历练和修行。

未来个人的贬值速度将大大加快，因为时代变化越快，每个人不断学习和再出发的频率就越高。所以不仅产品要迭代，我们每个人也要不断迭代，要不断地学习和反省自己，不断地用实践强化自己。

管企业，该怎么管

几乎所有的老板都想做到放手、松手，企图用一套合理的制度去代替自己，用合理的系统去维系企业的运转，这样就可以一直循环下去。所以前些年冒出很多总裁班和管理培训班，各种理论都出来了，但最后都不了了之，为什么呢？归根结底，无论企业采用多么先进的管理制度，最终这些条条框框和规则都不实用。制度无法框定人，最后还是需要老板事必躬亲，逐一解决问题，所以老板始终脱不开身。

对企业来说，企图用一套理想的制度来维护企业的运转，永远都是一个最美好的幻想。企业的老板必须要强势。

根本原因是什么呢？

读完下面这些客观事实，一切都豁然开朗了。

一是，即便是基层员工，如果条件允许，人人都想做高管，人人都想做老板，但其实绝大多数人的格局和能力是做不了老板的。很多员工愤愤不平，并不是因为他们看到了企业的系统性问题，而是因为他们觉得凭什么自己不可以做高管、做老板。

很多基层员工往往斤斤计较，他们不会关注公司的宏观规划和战略蓝图，只会对眼前的小利益趋之若鹜。很多员工都有自己的小算盘，都有自己的个性，有各种想法和欲望。更可怕的是，有些人一旦成为管理者，甚至会变本加厉地压迫其他人。

很多员工都趋向于使自己的利益最大化。大家都想创业自己当老板，有些人去上班的目的就是借助公司的平台，为自己积累社交关系和资源，比如资源渠道、客户，然后机会成熟的时候就去创业了，有的甚至还会拉上公司其他同事。

二是，很多企业存在这样的问题：在老板与员工之间是没有信任度的。老板永远只会相信亲人，关键位置都会留给亲人，比如让夫人当财务（管钱的），让亲戚做采购（花钱的）。不是本家族的人是进不了核心圈层的，这样的企业最后往往都会做成家族企业，造成"圈子"比努力重要，血缘比"圈子"重要的现象。

　　这种公司的管理不是靠制度和系统，而是靠人。

　　由于人太聪明，所以很多企业管理的要点是对人的管理，懂人性比懂商业重要。所有的问题最后都会被归结到人的问题。无论人能力多强，多善于做事，如果不懂做人的道理，照样会一败涂地。

　　对于员工来说，十次做事上的成功，也无法掩盖一次做人的失败。把事做好的同时，还要求能协调上级和下级的关系，同时又不被人排挤。

　　所以我们就明白了很多企业在管理上有这样的缺陷：基层员工要想往上升职，最核心的往往不是看工作能力，而是看是否善于通过牺牲小利益收获大价值，懂得舍小而取大。当然，有时会做人比会做事更讨巧。

　　现实中，很多员工把智慧的20%放在做事上，另外的80%都放在做人上。这样一来，这些企业内耗就特别大，因为大家既要把表面文章做足，又得在私下里互相提防。

　　老板也只能拿出20%的智慧去做事，剩余80%的智慧都会用在解决内耗上，所以他们往往比较心累。他们除了开拓市场之外，必须把大量精力放在对人的治理和管理上。治人永远是第一位的。

　　在企业里，大家表面上客客气气，恭恭敬敬，私下其实有一套利益机制在掌握着人的各种行为。只要公司能赚到钱，能让大家分到钱，所有的问题都不是大问题，都可以解决和商量。而一旦公司赚不到钱，不能让大家分到钱，没有问题也会生出各种问题。所以公司的核心价值在于帮大家形成一个利益共同体。

企业做到一定程度，就是靠品牌、影响力、渠道、流量、团队等去赚钱，但是派系斗争是很多大企业绕不过去的，高层管理者靠路线，中层管理者靠"站队"，基层员工靠喊口号。结果公司核心不再是做业绩，而是互相"斗智斗勇"。这样很多庞大的企业最后都没落了。

小企业（初创企业）的核心在做事，主要看老板个人能力；而大企业的核心在管人，把人管理好就是最大的成功，也是一切工作的重中之重。

大企业老板必须建立强大的企业文化，用强大而统一的文化去管理和塑造人，把员工从"千人千面"变成"千人一面"，把大家的能量捻成一股合力向前冲，一起实现目标，这也就要求企业老板要强势。

企业发展到了比较大的规模，就会出现瓶颈。解决瓶颈的最好办法就是结构重组，从而形成更与时俱进的商业模式。

企业升级时一定会形成两派对立：保守派和创新派。新兴力量和传统力量的斗争是所有事物进步时无法避免的。

综观以上这些，我有三个结论：

老板的魄力、眼光和格局很重要。如果企业没有一个非常强有力的老板，必定是一盘散沙。

企业必须有一套强有力的决策执行机制，用俗话说就是：指哪打哪。老板要拥有绝对权威，快速、集中地执行决策。

人的平庸，从来就不是社会进步的最大障碍，过于聪明和自私才是。

第三章

商业的规律

商业的本质

商业的本质是消费。美国知名学者所罗门的《消费者行为学》里这样说道："我们身边时刻都有成千上万的公司，花费数以亿计的美元，在广告、包装、促销、环境，甚至电视、电影里做手脚，从而影响你、你的朋友和家人的消费，从中获取利润。"

《消费者行为学》强调，面对众多直接、间接的劝诱，消费者唯有深刻洞察这些劝说的战术，才能使自己不致被过度操纵。因此，那些拥有丰富的知识、智慧，善于理性思考的人，更容易不为所动，因为他们知道自己真正需要什么。

人和人最大的差距，是对世界的认知不同。只有极少一部分人对世界的本质认知深刻又到位，他们是最有才华的那批人，剩下的人都是活在假象里，是被操控的。

最可怕的是，世界上很多有才华的人，他们独具智慧地看透了这个世界的本质，但他们看透之后却不敢说透，并且不会想着如何拯救其他人，而是开始利用大众的信息不对称去赚钱，最后再和他人划清界限。

所以又有人说，商业的本质是谎言。

资本大鳄索罗斯说："世界经济史是一部基于假象和谎言的连续剧。要获得财富，就要在进入之前先认清其假象，投入其中，然后在假象被公众认识之前退出游戏。"

那么如何理解商业的本质是谎言呢？

以前说：德不配位，必有殃灾。现在是：智不配财，必被坑埋。

一个社会的最佳财富分配结构，是让一个人的财富和一个人的品德智慧成正比。

投机的结果是人人受损

　　在一个社会里，当有一小撮人因为投机取巧而先获得利益时，如果社会的惩罚和价值体系不能使他们付出代价，那么剩下的大部人必然也不会再坚守自己的原则：聪明人会把才华用在利益的争夺上，普通人为了争取利益则会铤而走险。经济学上有个"劣币驱逐良币"现象，社会上就是"坏人淘汰好人"。

　　好人被淘汰的结果是什么呢？以排队候车为例，一开始大家都很守规矩，但有些人为了抢座，开始不守秩序了，而且把排队的人挤得东倒西歪，到后来，为了先上车，大家都不去排队，结果车辆一来，众人就争先恐后，导致上车的效率降低了，最后人人受损。

又比如打车，刚开始大家本来都站在路边规规矩矩等车，但有人忽然强行站在马路中间去拦车。最后，为了先打到车，于是大家都站到马路中间去伸手拦车，结果马路上的人越来越多，占据了大半个车道，导致道路发生拥堵，大家打车的效率也都变低了。

这就是最终结果：每个人都互不相让，不再迁就别人，也不再相信公理，然后互相提防、人人自危，僵持在一种互相制衡的尴尬状态中，然后大眼瞪小眼。此时社会的运作效率大大降低，经济效率大打折扣。项目越来越难做，创业越来越艰难，根本原因就在于人与人之间失去了信任。无论你说什么，无论你承诺了什么，别人都不信了，每个人都紧紧护着自己的一亩三分地，生怕一松手就被别人抢去了。

归根结底，只要先不遵守秩序的人没有遭受应有的惩罚，就会带动大家一起不遵守秩序。

一个好人，从什么时候开始变坏的？从他觉得不公平的那一刻起。一个有才华的人，从什么时候开始变庸俗的？从他认为看透芸芸众生的那一刻起。芸芸众生的错在哪里？在于盲从。

窦娥含冤被押赴法场，行刑之前监斩官问窦娥还有何话讲。窦娥说：一、如果我是被冤枉的，人头落地便会大雪纷飞；二、如果我是被冤枉的，我死后将大旱三年。窦娥死后，竟真的飘起大雪，而且果真大旱三年，当地百姓颗粒无收。

多年后，窦娥的父亲金榜得中做了大官。回乡重审窦娥案，杀了那个贪官。这时乡亲们纷纷来看望窦父，说："我们当时知道窦娥是冤枉的，怎奈畏惧贪官的权势，敢怒不敢言。可是我们又没加害窦娥，为什么要受这三年大旱之苦呢？"

窦父说："你们明知窦娥是被冤枉的，却不敢说句公道话，是谓不义。更有人相信贪官，认为窦娥真的杀了人，而诬蔑忠良，是谓不仁。老天有眼，没有无妄之灾，天灾人祸就是在惩治不仁不义之徒呐！"

什么是作恶？并不是杀人放火才是作恶，面对恶行，如果为了自保而选择沉默，或者为了利益最大化，而选择做一个盲从的帮凶，你就已经站在了恶人的一边。

当我们埋怨社会太不公平的时候，我们有没有想过自己为什么在利益面前就那么轻而易举地放弃了原则？当我们埋怨假货太多的时候，我们有没有想过自己为什么那么喜欢占便宜？当我们埋怨明星赚得太多的时候，我们有没有想过自己为什么如此迷恋娱乐？

如果社会风气"正不压邪"，社会就会开始变质。

危机是什么？危机是人性的危机。

优秀的人，会把消费转化为投资

普通人的消费

有一次同学聚会，让我有了一个发现：成功的人，大多衣着平平，甚至有意走"中庸"路线；而很多普通人，则非常注重外在的消费，比如头发、衣服、包、香烟、手机、车子等。

比如一个带着孩子参加聚会的同学，她的孩子从头到脚穿的全是大牌，而且logo的位置都很显眼。

在谈论的话题方面，也有明显的差异：成功的同学聊得更多的是孩子的教育、旅游见闻、投资等话题；而普通的同学，聊得更多的是衣服品牌、手机品牌、什么时候换车、年终奖多少等。

　　我后来思考了一下，发现可以用这样一句话做一个总结，那就是：普通人，总是把钱花在别人看得见的地方。

　　人，都有一种补偿心理，都会拼命守护自己内心最脆弱的地方，比如身体不好的人怕别人提健康，经济条件一般的人怕别人提到钱。所以当大家在一起的时候，就要用外在的消费来武装自己，然后展现出自己的强大。

　　就好像有些人，总喜欢打扮自己的孩子，给他们穿最漂亮、最奢华的衣服，然后让孩子给自己挣面子。如果条件允许，他们也会尽可能地买一辆"豪车"，过年把车开回家，就感觉是一种无与伦比的荣耀。而那些成功的人，相反却更在乎实际的东西。比如他们宁可给父母包个更大的红包，也不会刻意买几件大牌衣服穿回家；他们宁可给孩子选一个好学校，也不会刻意给孩子穿奢华的衣服。

　　因为成功的人内心不自卑，所以不怕别人看不起自己，即使被别人误会，他们也并不在乎。所以当普通人聚在一起炫耀自己的年终奖时，他们宁可安静地听着。

　　普通人的消费分为三个层次。第一层：基本生活所需，即吃穿住行。第二层：证明自己不穷。第三层：挣面子。

　　成功的人的消费也有三个层次。第一层：基本生活所需，也就是吃穿住行。第二层：各种投资，包括房产、教育（孩子的学习和自己的学习）、旅游和各种社会活动（扩充见识）等。第三层：精神需求（比如认识自我、寻找知己、帮助别人等）。

所以当一个人开始把钱花在别人看不见的地方时，要么意味着他已经脱离贫穷，要么意味着他已经脱离庸俗。因为他已经懂得自己不是为别人而活。

成功的人的消费

任何一个时代，人们都需要给自己加上一种标签，从而维系自己在社会上的地位。

比如以前有些有钱人会佩戴高贵的首饰，借助各种奢侈品来彰显自己。

这就是所谓"炫耀性消费"，这是一百年前韦伯伦的理论，比如你要戴一块特别贵的名表，显然不是为了看时间，而是为了向人炫耀，彰显经济地位。

然而，随着社会的发展，这种方式不再能够标榜自己有钱人的身份了。随着电商、海淘等购买渠道的丰富，原本一件难求的"奢侈品"成了不难获得的商品。拥有奢侈品，再也不是什么值得骄傲的事情。

然而，当奢侈品不能再区分身份的时候，一种更加与时俱进的方式就出现了……

法国社会学家皮埃尔在《资本的形式》中提出了文化资本（cultural capital）的概念。文化资本是一种通过教育洗礼，历练而成的个人优势，与生活品位息息相关。

随着文化水平的提高，人的鉴赏和辨别能力也在提升。如今越来越多的人，把财富投入各种"无形"的消费和投资上——更好的服务、更优质的教育、更高端的旅游等。

请记住，只有见识和智慧才能永远跟随着人。

未来的消费方向是什么样的？目前，热衷拼团、买二手产品的人越来越多，这并不说明消费在降级，而是表明物质已经承载不了人们的精神寄托了，人们不再愿意为某一件高档产品买单，反而更愿意为高雅的情怀、无形的财富、某一种希望而付出高价。

今后商业方向只有两种：要么是压缩有形产品的价格，比如有些网络平台的低价模式，以及二手交易、共享经济等；要么以产品为基础，着手研究消费者的精神和情感需求，把产品做到极致。因为科技进步的意义并不是为社会无穷尽地提供商品，而是让每一件产品都丰富到不得不缩减其他产品的程度。这就是真正的极简主义。

商业趋势

未来所有价值都会被公平分配

资本主义产生后，劳动者创造价值，但却拿不到等量的报酬，一是因为资本家要榨取一定的剩余价值，二是以当时的科技条件，劳动者创造的价值无法被精准核算。所以一个人创造的价值，都是公司说了算。公司先得到所有价值，然后再去分配，也就是说公司是价值计算的核心。

必须有一个去中心化的过程，才能让劳动者的价值和劳动报酬等同起来。

现在有了区块链，人们所有的劳动价值，都变得可以计量、不可篡改。老板也是劳动者的一分子，也可以拿自己应得的那份。这才是真正的去中心化，这才是公平、公正。

等区块链技术发展成熟以后，传统公司的组织形式和价值分配结构，都将发生历史性的改变。公平、公开是区块链最根本的精神。它不是让我们没有私欲，而是让我们更加努力地创造价值。这样才能调动所有人的积极性。

未来的社会，劳动者、管理者、投资者都是平等的，每一个人都是价值创造者。所有价值创造者都可以获得相应的报酬，这也是人类的信任机制升级的过程。每一个人作为价值创造者，自己创造的价值都能被精准记录，并得到相应回报，发生冲突的情况会越来越少，人与人之间也会越来越平等。这是区块链的历史任务。

未来，公司的形式将从"互联网化"升级为"区块链化"。

区块链才是真正的"去中心化"。就像马克思描述的那样，未来是一个高度发展、按需分配的社会，一切都是由数据去匹配的，再也没有集中的大脑或权力去调控。

未来所有资产都会被"共享"

共享经济的兴起，诠释了一个全新的社会发展动向：未来的一切资产，包括有形的和无形的，被私人所占有的会越来越少。

在计划经济时代，很多东西都是共有的，我们都只有使用权。那时人与人的关系是共同劳动关系，属于同一个集体，因为牵扯不到利益关系，所以人与人之间互相信任。

而市场经济发展起来之后，出现了私有制和个人所有制，以"占有"物品为最终目的，很多东西的"占有权"被明确到个人。

于是，人与人的关系由共同劳动变成了直接竞争，出现了争夺和贫富分化，资源分配变得不均衡，贫富差距越来越大。

马克思说：一切矛盾都是因为资本家独占生产资料，因此产生了资产阶级和无产阶级两大对立的阶级。但他没有想到一百多年后的共享经济正在改变这个局面。

在不久的将来，一件物品的所有权和使用权是分离的。未来，我们的交易，更多的是交易一件物品的使用权，而不是所有权。

在市场经济时代，人们往往最在意物品的占有权。为了争夺占有权，有些人不择手段，但是共享经济提供了一个运作机制，通过以租代买的形式解决资源的不可复制性。

在未来，一件物品究竟属于谁并不重要，重要的是我们每个人都可以使用它！

各种App能通过时间、地点、技能的匹配将物品的使用权分配到最需要它的地方，将资源利用率最大化，将多余资源转化成为生产力。因此，几乎所有产业都将会被共享经济所改变。

今后我们每一个人，都将因为互联网的出现而大大地增加收益。未来经济一定是共享型的，互联网的存在逻辑是优化社会运行，让一切商业和工作模式的损耗降到最低。

未来所有人都会获得"自由"。个人的最终趋向是获得自由和解放，这里的"个人"，指的是"个体经济"。

在马斯洛的需求理论模型里，人的最高需求是"自我实现"。在过去，只有少数成功人士才可以做到这一步。但是在互联网日益发达的现在和以后，每个人都可以逐步抵达这层境界。

以往，我们为了生产，要去加入某个组织，然后被"集中式指挥"。我们把工作当成谋生的手段。很多人机械地工作，这束缚了人性。

而互联网给予人性回归的通道。互联网以大数据、云计算为基础，努力实现"多个服务个体"对接"多种个性化需求"，这就使那些在技能、人际关系、服务上拥有特长的人，同样可以通过互联网平台，找到与之相配的工作。人们可以根据自己所擅长的来决定自己要在什么时间什么场所做什么样的事情，根据自己的兴趣来制定目标，决定自己要成就一番怎样的事业。

五年前，我们身边的朋友不是在这家公司上班，就是在那家公司上班。而如今，已经有越来越多的朋友不是依托这家平台赚钱，就是依托那家平台赚钱。今后将有无数个体创业者、经营者兴起。人的定位从价值链上的分工者转向单一的创造者。以前我们为了生存，总是在迎合市场、依附公司，而今后我们可以做一回自己。

放眼四望，主播、自媒体、网店店主等各种自由职业都在兴起，他们已经不再被"公司"所束缚。

今后，社会上的自由职业者会越来越多。因为互联网可以精确、高效地将我们每个人的潜能激发并对接起来，以大数据为手段、以各取所需为驱动、以自我实现为效率、以荣辱与共为机制，构建更加精细的供需系统。

未来每一个人都是一个独立的经济体，既可以独立完成某项任务，也可以依靠协作和组织去执行系统性工程，所以社会既不缺乏细枝末节的耕耘者，也不缺少具备执行大型工程能力的组织和团队。社会就是一个庞大的网络，而每个人都成了一个ID。

我们可以发现，如今企业员工的积极性越来越低，无论借鉴多么经典的管理理论，都很难起到作用。那是因为大家需要释放，需要因势利导，而不是被管理。因为社会的组织结构在变化：原来是狭长的"公司+雇员"结构，现在变成了扁平的"平台+创客"结构。这才是真正的经济变革，我们每个人都将迎来自己的黄金时代。

　　未来，人的兴趣和潜能将得到释放，再也不用为了生活把自己抵给一个"公司"，而基于平台之上的小众兴趣、小众价值观、小众梦想、小众爱好都能被成全。

　　未来所有现实都会被"模拟"。这指的是"虚拟现实"技术，即VR、AR。VR是把你带入到虚拟世界里，AR是把虚拟物品带到你面前。

　　人类以往的科学技术基本都是改造外界，比如我们发明了各种各样的东西来丰富自己的生活，而从当下的虚拟现实技术开始，量变终于引起了质变，人类正在俗世中"超脱"。虚拟现实技术正在增强，能够把虚拟信息（物体、图片、视频、声音等）融合在现实环境中。虚拟现实技术不仅仅会涉及视觉、听觉，还会涉及嗅觉、触觉、味觉，可以构造一个与真实环境相似的世界，随时在你身边构建一个更加全面、更加美好的世界。

　　在未来，现实的边界会被彻底打开。千里之外的朋友可以立刻出现在你面前，你们甚至可以对话、拥抱，你也将能触摸到虚拟世界的所有物件。

你还可以瞬间置身于某个世界中。这个世界很真实，一杯茶、一片海、一座山，让你身临其境。

谷歌的一位专家称，到2045年我们人类就可以将整个思维传输到计算机上。届时你还相信我们生活的现实就是现实吗？你还相信你眼里看到的东西就是那样的东西吗？

到了技术成熟阶段，人可以在各种世界里移步换景、穿越自如，人可能永远都不清楚自己是处于一个模拟的环境中还是一个真实的环境中，当然这也已经不重要了。

那时人会明白，除了能确定自己的存在，周围所有的东西都虚实难辨。

未来所有的价值都被公平分配，未来所有的资产都会被"共享"，未来所有的人都会获得"自由"，未来所有的现实都会被"模拟"。

现实被打破，价值开始回归，财富被共享，个体被解放。这就是大势所趋。

只有平台型的公司才有未来

世间万物都先有大破才能有大立。旧生态总会不断被新生态取代，这是一种必然。现在，越来越多的人感觉到：传统企业越来越难做了。那是因为当下恰恰就是从大破到大立的关键时刻。一大批企业正在被淘汰出局，同时一大批创新型企业正在破土而出。

如果弄懂了其中的商业变革逻辑，你会惊喜地发现：从现在开始大部分企业都值得从头再做一遍。

下面我们就简单地说明一下。传统企业越来越难？先举一个最简单的例子：排队。在排一列纵队的时候，大家依次往后站立，每个人只能看到自己前面的人的后脑勺，而看不到后面的人和更前面的人的后脑勺，其他人如果做小动作也无法察觉，这就是传统的产业链结构——制造商需要先将产品卖给品牌商，品牌商再卖给渠道商，渠道商再通过各级经销商卖给消费者。

于是，消费者面对的是渠道商，渠道商面对的是品牌商，品牌商面对的是生产商，生产商面对的是技术商，技术商面对的是资本，资本面对的是金融市场。

虽然是一环扣一环，但信息是不对称的，而且被层层隔离。任何一个环节都很难摸清整个产业链。最大的问题来了：由于是一路纵队，所以容易出现塔罗牌效应，前面一个倒了，后面都会跟着倒下。一个环节被卡住，整个产业链都会出问题。

现在产业链就出问题了。由于互联网带来的冲击，消费者的购物路径发生了很大变化，于是排在最前面的渠道商最先受到了影响，进而导致它身后的产业链产生了连锁反应：对于渠道商来说，由于要跟电商拼价格，打折促销已成常态，还要靠多拿货来降低自己的成本，这又导致了库存。

对于品牌商来说，虽然产品卖给了渠道商，但是渠道商的回款不能按时兑现，而且由于渠道商的打折促销行为，品牌价值大大受损。

对于生产商（工厂）来说，除了应收账款越来越多之外，用工成本也越来越高，税率负担越来越重，再加上产品同质化严重，没有附加值，利润越来越低，越来越多的工厂被迫倒闭。

每一个环节都越做越累，利润越来越低，每一个环节都迫切想改变，但是由于受制于上下游环节，单方面努力根本无法扭转局面。

转机在哪里呢？任何事物都有两面性，互联网改变了消费者的购物路径，给传统商业带来了危机，但同时也打开了信息壁垒，带来了新的机会。还是以排队为例，由于信息的公开性，无论哪一个环节，都可以直面其他环节了。随着电商平台、移动支付、社交平台的发达，大家可以自由对接了。

于是根本性变革发生了：这一路纵队变成了一路横队，大家可以"面对面"了。当大家一列横队站在一起时，谁高谁矮、谁在做小动作都一目了然。这时传统产业链必然发生彻底改变。

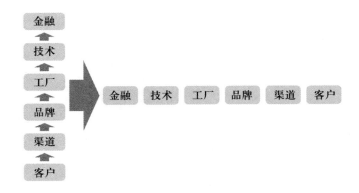

互联网把产业链从纵向拉成了横向，让大家平行、平等地站在一起，这是一个非常伟大的变革。

传统商业是一环吃一环。在产品经过的各个环节中，每个环节都会加价，然后再出货，这是一种单向的赚"差价"模式。每个环节对于它的上下游环节各赚了多少钱都不得而知。上下游环节是一种侵吞的关系，此消彼长，所以大家都是在互相保密。

而现在完全不一样了，举一个最直接的例子：电商的普及，让很多消费者（客户）有机会直接跟各种生产方接触了，于是越来越多的消费者（客户）更愿意跳过所有环节直接付钱给生产方，这就导致现金会不增不减地直接到生产方手里。

那么，这时中间的渠道方和品牌方该怎么赚钱呢？

这里就需要大家事先达成一个协议，按照每个环节的价值共同协定一个分配比例，生产商拿到钱之后，再按照这个协议把钱分配出去。大家以此契约条款为约束，组成一条新的价值链，资源共享，彼此协作，各个环节井水不犯河水。

这时，一个产品从生产设计，直到消费者手里，每一个环节都会变得很透明。未来每一个环节能赚多少钱，都是公开、透明的，而不像以前被捂着，层层保密。

面临这种更加公平、公开的商业路径，原来那种利润层层盘剥、运作效率层层衰减的纵队模式，必然要面临淘汰。

那么，如何利用这个转机去升级呢？平台化是公司发展的必然路径。未来只有一种公司能生存，那就是平台化公司。这句话适用于所有类型的公司。平台化的本质，是帮助本行业的产业链从"纵队"变成"横队"，从而使本行业建立一种协同生产的机制。

平台化的意义，其实是给企业乃至个人提供创造价值的机会，使之发挥1加1大于2的综合效应。以后一定会有越来越多的平台型公司崛起，像各种直播平台、自媒体平台。无数个体或小团队就正在崛起。

平台化转型不仅适用于互联网企业，也适用于制造业。

制造业企业如何实现这个转型呢？

首先，该企业要非常专注于某一品类，具备垂直打通、纵向整合的能力。比如从原料来源、设计开发到生产营销，再到销售系统，后期维护。

其次，企业必须统筹运营，建立一种协同机制，要把同种的需求、资源、渠道归类整合，进行协作生产。

这里还会有二级分工，比如对于服装业而言，做绣花的专门做绣花，做印花的专门做印花，卖拉链的专门卖拉链，然后还有很多细分。于是企业背后可能不是一家工厂，而是一个工厂群，但又能随时被整合。而那些下游的中小工厂本身需要一场协同化的大生产，这样才能避免碎片化的各自为营。

比如当旺季到来，订单一下子都来了，公司就可以把同类产品聚合在一起，今天是你，明天换我，后天到他，保持相对均衡的需求输入。公司还可以根据零售的数据做精准匹配，促成零售端的数据向生产端更多地渗透，帮助生产端做一些计划准备。数据互通，会使得零售和生产之间的协同效率增加，这就解决了产能过剩的问题，使库存降到最低。

从统计学上也可以找出其中的规律，便于下次提前准备，这反而变成一个"有计划"的生产了。因此在未来，制造业的生产一定会越来越具备"计划性"，盲目、跟风、无序的传统生产秩序导致的产能过剩，可以被彻底改进。

我们可以发现，从"计划经济"到"市场经济"，再到"计划经济"，这非常符合事物发展的客观规律，就好比"看山是山，看山不是山，看山还是山"一样。

这种例子有很多，比如"淘工厂"就是通过平台整合了消费者的碎片化需求，再向各个工厂下单生产的。因为平台组建了一个协同生产机制。和传统工厂相比，它们的利润率和库存率都有很大的改善。这就是一种社会化大生产，甚至可以实现按需生产、定制化生产。

再举一个制造业的例子：融钰集团是深交所 A 股上市公司，旗下的吉林永大已经在永磁智能开关行业做到了第一。于是，融钰集团开始从单一生产经营的传统电气公司往平台公司转型。

由于在电气行业的领头羊地位，融钰集团以电气实业为突破口，向上游及下游进行纵向整合。上游方向，融钰集团作为行业代表与大型集团共同拓展海内外的电气工程项目。下游方向，融钰集团以电气产品的生产、销售、售后为入口，统一标准，整合国内多家工厂协同生产，形成一个完整的产业链闭环。

在合作方面，融钰集团和上下游企业分别成立合资公司，融钰集团拥有 51% 的股权，合作公司拥有 49% 的股权。这样融钰集团可以为合作公司提供上市公司的融资平台和优质资源，同时，合作公司也可以为融钰集团贡献收益和业绩，双方各尽其才，各取所需。

如今，融钰集团正逐步打开"一带一路"市场，欲打造"自有产品自产，自无产品外采"的电气产业集采贸易链平台。

当然，制造业的平台化布局也离不开各种软件运营系统的配合，融钰集团在这方面也已经开始布局：在软件方面，融钰集团旗下的辰商软件正在打造"辰商云"服务，可以为企业提供小程序和新零售营销解决方案，如今已经拥有了上百套行业解决方案以及千余种营销场景，同时还能给企业提供数据管理后台服务，帮助每一个实体门店和线下经济体实现商业模式的智能化，涵盖整个生态系统。

融钰集团的另外一家子公司——智容科技，主要从事企业的征信服务等业务。

如今，融钰集团已经涵盖了智能电气、新零售、人工智能、大数据分析等行业，集团旗下的子公司已达十余家。这就保证了平台的独立运转，并可以往外围拓展，因为平台化公司是无边界的。

值得一提的是，公司平台化之后还有一个核心任务，要给平台上的各个环节进行授信，降低各部门不必要的磨合损耗成本。

比如在过去，很多工厂担心下游不能及时回货款，而下游则担心工厂的货期或者产品质量，所以很多工厂的现金流变成了应收账款。究其根本是缺乏一个具备公信力的平台。这时平台就可以发挥关键作用了。

比如"淘工厂"为工厂开了诚信通和ＫＡ企业（授信企业），这样商家支付给平台的费用就可以在三到五天内转到工厂的账上来。

融钰集团也是如此。在协同运营中，如有环节产生应收账款、工程款等管理的金融服务需求，融钰集团利用已有金融牌照布局，发挥支付结算服务、银行信用服务、商业保理服务和融资租赁服务的综合性金融服务平台优势，使得供应链闭环的金融产品健康运转，从而加快整个行业的升级。

这就是企业的平台化战略。首先企业要做到本行业的领先地位，然后将供应商、渠道商、经销商等都拉进来，从上下游关系变成平行关系，利用电商、线上平台掌握消费者的需求数据，建立产、供、销连为一体的运转模式，然后建立快速反应的机制，实现小批量、短周期、快市场的生产。

这也是一场社会组织的变革。所有部门既要有单兵作战能力，又要有协同作战能力。

公开化、共享化、协同化，才是企业发展的大势所趋。打开公司的边界，让品牌共营、渠道共享、流量互通，这是时代的大势所趋。

所以，无论一个多么小的公司，都必须完成平台化的升级，比如一个广告公司，要以公司名义去接单，然后再分包给个人。公司在业内的口碑和公信力，决定了它获取订单的能力。公司可以以信用为担保去接订单，然后再将订单分包给个人，这才是未来公司要做的事。

平台化不但是大公司的方向，而且是所有公司的必然方向。

当公司做到一定程度时，可以孵化各种小而美的个人品牌，这就是未来小企业做大做强的方式。

制造业企业也可以采用这个方式。继续以融钰集团为例，它和上下游企业成立的合资公司，依然是平台化公司，最重要的是，公司一切都会按照可上市公司标准去操作，做到一定程度后，既可独立公开募股，也可以以兼并重组的方式走向市场，从而获取更多的资源支持。

所以，未来一个公司最核心的资产，其实是它的品牌和信用。只有企业拥有足够的品牌和信用，才能获取订单，才能揽下各种大工程，才能让分包个体放心为企业生产。

只要企业的信用还在，只要品牌还有影响力，企业就永远不会倒下。如果一个公司既没有品牌价值，也没有协同生产机制，那就没有存在下去的理由了。这就是很多企业越来越困难的原因，因为它们的结构是封闭的。

商业的基本结构正在从"公司+公司"，变成"平台+个体"。无数平台在崛起，同时无数个体在平台上执行任务。企业开放化和平台化之后，股东、员工、渠道、产品都在逐渐开放。

海纳百川，有容乃大。一切组织必须打开自己的格局，敞开胸怀拥抱世界。

社会也会因此更加自由和包容。同时，未来的一切生意都在"光天化日之下"进行，每一笔订单都会在"众目睽睽之下"产生。我们必须适应在"大庭广众之下"展开工作。

未来的经济运转中，只有四种角色：一、负责国计民生的资源型企业；二、负责产品流通的平台型企业；三、在各种细分领域里有独特产品或深度服务的小公司；四、承接各种小公司业务的个人或主体。

以此为基础，一切商业逻辑都将被推倒重建，一切规则都会被改写。这更是一场责任、权力和利益的再划分。

如果再结合公司的进化史来看待这个趋势，公司的股份化是西方给世界的贡献，公司的平台化则是中国给世界的贡献。

股份化的本质，是把公司拆分，在股票交易市场上交易，被很多人公开持有。

平台化的本质，是把很多分散的公司统一联合起来，各尽其才，各取所需，成为一个聚合体。

中国人自古以来就有协同和聚合的基因，中国人对"和"的理解是极其深刻到位的。

当前是世界经济的转折点，中国人的智慧将在现今的时代里发挥主导作用。一批企业倒下是必然，一批新型企业崛起也是必然。只有把握住趋势的人，才能永远立于不败之地！

看透价值曲线，把握投资节点

　　无论世界怎么发展和变化，其经济的本质和规律都不变。一个市场越成熟，其轨迹发展越接近一条曲线。

　　这条曲线有两个要素，一是趋势，二是节点。掌握节点比掌握趋势要重要得多。

　　先从爱因斯坦著名的质能公式讲起。$E=mc^2$（能量等于质量乘以光速的平方），这是爱因斯坦一生智慧的浓缩，极其简单明了。

　　这个公式说明，一切物质都可以转化成能量。深层次的含义可以是：能量才是这个世界的本源。

　　对有形的物质来说，小到原子、分子，大到天体，都在不断地运动，从而产生能量。对无形的物质来说，比如光、声、电、信息、货币等也是不断流动的，也会产生能量。

那么能量以什么形式呈现呢？就是"波"。波是什么样的？想想我们高中数学学习的正弦曲线吧：

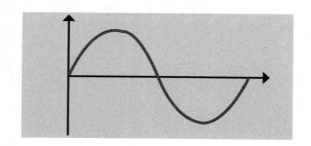

这就是一个完整的波长，也代表着事物的一个完整发展周期。世间一切有形、无形的物质的发展规律都近似于这条曲线，任何事物只是周期和频率各不相同。这其实是世界万物的基本状态。

如果我们再结合下面这个图，就能明白它的根本性了。

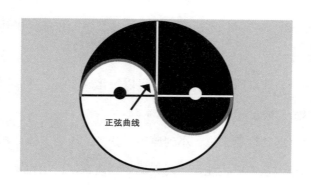

正弦曲线

一正一负恰恰是一个周期，也是一个整体。

越是成熟的事物，其发展轨迹越接近这条曲线。无论是创业、就业、恋爱、交友、炒股、买房，你都要明白你当前所处的位置，和你即将面对的趋势是什么。没有什么是一成不变的，更没有什么外来经验能够直接拿来用，关键看你当下所处的节点。

虚实要相得益彰

社会经济可以分为两大部分，即虚拟产业和实体产业。

虚拟产业：线上的信息流、货币流。实体产业：线下的产品流、人群流。

我们所从事的任何一个行业都离不开这四个业态，一个完整的产业更是缺一不可。当然每个行业的侧重点不一样，比如："信息流"以媒体、电子商务等互联网产业为主；"货币流"以银行、互联网金融等金融产业为主；"产品流"以制造业、零售业等实体产业为主；"人群流"以实体店、培训、教育等服务业为主。

它们之间的关系是这样的：线上的"信息流"和"货币流"相辅相成，它们构成了虚拟经济；线下的"产品流"和"人群流"也互相映衬，它们组成了实体经济；线上的"虚拟经济"和线下的"实体经济"也是交相辉映的，形成了经济主体。然后，它们之间彼此交融，形成类似于DNA的螺旋式上升结构。这就是经济发展的框架和逻辑。

这两股力量一边交合一边延展，你上我下，或者我下你上，然后定期互换方位。

当下是实体经济开始上升的时刻。虚拟经济发挥影响许久了，必然轮到实体经济。这就是我们说的虚拟经济过热以及实体经济的回归。

现在，我们还发现了一个现象：现在的线上产业（电子商务、互联网）等，都跑到了线下（实体店、商场）去抢占地盘，所谓的新金融、新零售、新制造就是这样来的。

科技和金融，分别是实体经济和虚拟经济的核心支撑点。科技的本质是生产力，金融的本质是生产关系。

生产力决定生产关系，生产关系一定要适应生产力的发展，不然就会对生产力产生阻碍，这是我们初中就学到的原理。

对于社会财富来说，科技和实业的作用是直接带来增量；互联网和金融的作用是优化存量、优化资源配置，从而促进增量增长。

这一轮大变革其实就是实体经济的回归。过热的虚拟经济已经让世界在怠速运转，接下来很多虚拟产业的泡沫会被刺灭。我们必须要对这一变化做好充足的准备。

众生之所求，正是你所舍

投资的逻辑很简单，但真正能做到的人实在太少，因为绝大多数人都在追逐私利，如潮水般跟市场而动，于是只能成为接盘者，而逆行者永远都是孤单地前行。

这其实和商圣范蠡的"水则资车，旱则资舟"的逆周期商业思想是一样的，在涝的季节，就要开始准备旱天的时候所用的车，在旱季就要准备有水的时候用的舟了。

司马迁的《史记·货殖列传》中也提到："贵出如粪土，贱取如珠玉。"意思是趁价格上涨时，要把货物像倒掉粪土那样赶快卖出去；趁价格下跌时，要把货物像求取珠玉那样赶快收进来。

本杰明·格雷厄姆说过："投资中的最大敌人，很可能就是自己。"因为投资就是跟人性博弈的过程，最强的对手一定是你自己。

所谓："人弃我取，人取我与。"通俗一点儿说就是，别人不要的东西你拿来，别人想要的东西你就给予。众生之所求，正是你所舍。看起来是一种施舍，是无我，却也是世界上最高境界的投资，是大我。

最终，一切有形资产都是身外之物，你在这一过程中形成的思想、格局才是自己的。

第四章

社交的法则

独立

先思考一个问题：为什么世界上的真爱变少了？

真爱只发生在两个成熟又独立的个体之间，而在芸芸众生之中很多人都是不成熟的，真正成熟又独立的人却不多。成熟又独立的人相遇的概率很低，这就是为什么真爱如此稀缺。

不成熟的人最大的心理特征就是他们内心是残缺的，因为残缺，所以很容易对别人产生依赖，而这些人又很容易把这种依赖当成是"爱"。

世上大多数的爱情都是两个个体的摩擦与碰撞所产生的爱恨情仇，一些人张嘴闭嘴都是"爱"，卿卿我我都是"情"，其实只不过是不成熟的人之间的相爱相杀。

这种悲情的关系不仅存在于恋爱的男女中，也广泛地存在于人类的一切关系中，比如友情、亲子、职场关系等等。把"依赖"当成"爱"是人们最大的执念，人们为了这种执念至死不渝。

一个人无法独立，就会本能地寻找和依赖别人。当遇到自己可以依赖的那个人，就认为自己的幸福有归属了，这是典型的外求。

看看我们身边的那些外求主义者，他们往往没办法给自己安全感、存在感、幸福感，所以严重依赖外界和别人，需要通过别人给自己带来这些感觉。

要知道世界上没有人是为你而生的，如果对方一直在付出和照顾你，总有一天，他会感到心累，他可以照顾你三天五天甚至两年三年，不可能照顾你一辈子。

只要你自己不强大，就永远对他人有需求，只要我们还有需求，就容易让他人凌驾于自己之上。

世界上所有美好的关系，只发生在成熟的个体之间，爱情、友情、亲情、合作都是如此。

什么是独立的个体？也就是实现了三个独立——财富独立、人格独立、精神独立——的人。

一个人在变得独立之前，只有一个任务，那就是让自己走向独立。当双方中有一方不独立，就需要另一方去照顾，这是依赖型的关系。

如果双方都不独立，就会互相伤害。多少夫妻耗尽一生的精力给对方打差评，还咬牙忍受对方给自己的身心折磨？

很多人受伤之后满大街地哭喊，却始终不明白一个道理，人在不独立之前，建立的一切关系都是没用的，每个人都将为自己的不独立买单。

"求人不如求己"这句话非常有道理，当一个人发现自己才是自己的贵人，自己才能帮自己的时候，他就会清醒了，就算活明白了。

拥有独立精神的人，在各方面都比较容易高速成长。这种独立并不是得不到、被孤立后的不得已，而是顶天立地依靠自己，丝毫不影响跟别人做朋友。

别人不给的不奢望，给了是惊喜。独立是垂直扎根于地面，先垂直才有拓展。因为不论你依赖的人跟你是什么关系，只要是依赖，你就会不停地需要对方的照顾，否则就会产生恐慌。

依赖什么，一定要保持警醒，因为依赖越多，关系越容易变味。

马克思说："人是一切社会关系的总和。"一个人越独立就越具备合作的基础，也越能经营好各种社会关系。

　　世界就是这么有意思。当一个人实现了自我圆满，完全可以独立发展的时候，所有的人都会来帮他。相反，当一个人总是在外求，遇事就祈求别人和外界帮自己时，所有的人都会避开他、远离他。

　　无论是恋爱还是婚姻，最佳的另一半是你人生战场上的盟友。两个人既能保持独立又能结盟，才是最好的关系。

　　我们一定要保持自己的独立性，包括人格的独立和经济的独立，才能收获完美的爱情、亲情、友情。

人与人之间的关系正在重建

　　如今，人与人之间的关系正在重建，比如我们津津乐道的亲情、友情、爱情，已经有所变化。如果你还是用传统的伦理去审视人与人之间的关系，难免会心生苍凉，甚至对世界和未来充满失望。

　　以前，维系人与人之间联系的是三大关系：亲情、友情、爱情。但是现在，我们越来越深刻地发现这三种关系越来越脆弱。

亲情

　　为什么很多年轻人不愿意多和亲戚交往呢？

　　我们生活的时代变化太快了，这一代人和上一代人的思想差距如同天壤之别。

以前，家族是非常重要的社会组成单位，家庭只是家族的一个单位，人是家庭的一个单位，所以人的行为总是受各种条条框框的束缚，很多人生选项都是被设定好的，我们的选择余地很小。

以前，人的价值往往体现在为家庭或家族增添了荣耀，所以人很难为自己而活，需要为大家而活，更要活在别人眼里，这就是我们的父母们，甚至祖母一辈的价值观。现在依然有很多人在坚守。

而现在是"个体崛起"的时代。读书提升了很多人的格局，人员的流动性也空前增强，必然就会有一部分人冲破了自身条件的限制，拥有一片崭新的天地。这些人会给整个家族带来很大影响，进而带动更多人冲破阻挠，因此传统的血缘关系开始支离破碎。

有些年轻人早已浸泡在城市文明中，信仰规则至上，认为价值大于血缘，强调性别平等、婚姻自主、尊重个人空间等价值观。

但是亲戚中那些坚守旧观念的人的思维还局限在三十年前，还停留在找工作要找稳定单位，结婚可以先领证后培养感情等上面。

这些人太缺乏现实中的安全感，心理的需求更多集中在生存上，所以他们不在乎精神世界，更关心自己能挣多少钱。他们的价值观太趋同了。找个好工作，有点权势，嫁个或者娶个"好人"，然后生孩子，人生的使命就完成了。他们无法理解私人空间的重要性，所以新时代的年轻人不愿走亲戚。

随着社会阶层的流动，传统的血缘社会关系在城市里已经逐渐淡化。

友情

朋友之间，传统的友谊更容易诞生在稳固、一成不变的社会环境下。在同一个空间下长期互动的人，很容易因为彼此理解和欣赏而成为朋友，比如同学、同事、战友等。

而现在的社会节奏非常快，很多人认为，要把效率和效益放在第一位，才能生活得更好。

所以，人在工作和生活过程中变得越来越现实。

而未来社会，个体会越来越强大，但也一定会越来越孤独，知己会越来越珍贵。

爱情

在爱情和婚姻方面，相信大家有一个共同的感受，那就是现在的人越来越不愿意结婚了。

以前，结婚可以提高劳动的效率，节省时间，提高两个人的生活质量。现在则不同了。吃饭可以叫外卖，打扫房间也可以请人，自己也可以生活得很好了。

所以为什么现在大家不愿意结婚了？因为一个人也可以过得很好。大家的需求都能轻而易举地得到满足，那为什么还要牺牲自己的个性，去迁就另外一个人？

很多人都是从小被家里宠大的，都比较自我，个性比较强，很难去迁就和包容他人。

未来的社会，人越来越自由，越来越追求个性，传统的道德观念对人的束缚越来越弱。男男女女们，合则来，不合则去。但这并不代表人与人之间不再关联，只是关联的逻辑不一样了。

那么新的人际关系遵循的逻辑是什么？

未来，人和人能否建立起关系主要体现在两个方面：第一是"价值交换"，这是物质层面；第二是"同频共振"，这是精神层面。

什么是"价值交换"？两个人在一起，能给彼此提供价值，或者能互相提升对方的价值，也就是在双赢的情况下，会建立起链接关系。

也就是说，我们时刻都要明白自己的价值是什么。在个体崛起的时代，个体特征和价值变得尤为重要，它是你的身份标签，让别人一眼就看清你的价值，然后你自然就能吸引别人。

所以，与其花费大量时间去结交别人，不如把所有精力都放在应该做的事上，把事情做到极致，提升自己的价值。

什么是"同频共振"？科技的发展让沟通越来越没有障碍，以前我们看人的视野局限于自己身边，受区域、工作场合的限制，而未来不一样了，线上有社交工具，线下有高铁、物流，人与人之间的互动越来越便捷。

因此，我们更容易遇到和自己同频的人，他昨天还远在天涯，今天就近在你眼前。我们的社交越来越不受空间限制，我们可以随时选择一个自己喜欢的人去互动。

在这种突破之下，人的各种需求更容易被满足，比如被理解、被关注、被夸奖，也包括各种欲望、理想等。而且，人总是更容易被和自己相似的东西吸引，这是人的基本属性之一，化学上称此现象为"相似相容"。也就是说，"人以群分"这种现象在以后会越来越明显，那些相似的人总是会轻而易举地走到一起。

总而言之，首先，人突破了传统的限制，羁绊会越来越少；其次，人变得更加纯粹，人的价值更加凸显；最重要的是，人正在从旧的秩序中解放出来，变得越来越独立，而且即将从独立走向联合，新的秩序正在形成。

我们每一个人，必须从现在开始，找到自己的新坐标。

让自己永远有价值

一

当今世界最大的一个变化就是：正在从以"商品"为中心演变成以"人"为中心。

在以"商品"为中心的时代，我们关注的是各种商品的"价格"，而在以"人"为中心的时代，我们研究的应该是人的"价值"，商业核心逻辑是"价值规律"。

"价值规律"将成为未来世界运转的基本逻辑，具备真正的普世价值。

首先，价值是什么？价值应该包括两个要素：一是一个人的能力；另一个是一个人掌控的资源。

价值就是一个人的"能力"乘以"资源"的结果。

今后我们在做自我介绍时，这样介绍最有效率：

我会做什么？即我的能力是什么。

我有什么？即我有什么资源。

我能做到什么？即我的"能力"乘以"资源"。

这样的自我介绍只需三句话，简洁明了却让人印象深刻，社交效率最高，个人价值得到成全的机会也最大。

其次，价值是由什么决定的？一个人的价值，取决于他所处场景的被需要程度。

商业的核心正在从"创造稀缺"跃迁到"被需要"。你被所处场景所需要的程度越强烈，你的价值就越大。同一个人在不同的场景中的价值是不同的，这就要看当时的"应景程度"。一个人只有待在最需要他的地方，才能实现价值最大化。

所以每个人都应该竭尽所能地到最需要他的场景中去，善于讲课的应该去讲台，善于表演的应该去台前，善于策划的应该在幕后。一个人放对了地方是人才，放错了地方甚至可能成为"废材"。

二

创造法则

价值是生生不息、循环流动的，同时价值也是有流向的，它永远只流向能够使它增值的地方。也就是说，在今后的价值循环中，要想让价值流经你这里，你就必须具备可以放大价值的功能，而不是只充当一个传输的节点。

之前社会上之所以有各种信息中介，是因为社会上存在广泛的"信息不对称"，而互联网等工具已经在逐个解决这些问题。

未来每一个人都必须发挥主观创造性，比如你的信用、你的品牌、你的创造，都可以放大价值。放大价值就是创造价值，我们都因创造而存在。

如果你只充当中介的作用，很容易被人"过河拆桥"，而且发生这种事的概率会越来越大。所以最好的办法就是让自己从桥延展成路，可以让别人一直走下去。能让人走多远，你的价值就有多长远。

吸引法则

每一个人在有价值的同时也会有需求。我们看一个人，不仅要看这个人的价值是什么，还要看他的需求是什么。

一个人能吸引另外一个人的原因多数时候只有一个：这个人的价值满足了对方的需求，价值产生吸引力。

人的需求分为两种：精神需求和物质需求。满足了精神需求的同性是知己、异性是恋人，满足了物质需求的就是伙伴。人与人就是这样互相吸引的。

高层次的恋爱是：男女双方的物质基础都可以自给自足，然后互为知己，彼此都能从对方那里获取精神满足。由于精神满足更长久，所以感情也会更长久。

合作法则

合作也是一样的，一种合作能不能持续下去，取决于以下几个方面：

1. 双方的价值是否在同一个数量级上

能和一个人搭上话与能和一个人合作，完全是两个概念。我们常说的无用社交，就是指仅仅能和一个人搭上话却无法合作。

不是同一个价值量级的人，很难有深层交集。社交的本质就是价值交换。当然这里的价值不止包括财富，也包括精神、智慧或其他能量。

2. 彼此的价值能否满足对方的需求

大部分人都只盯着别人那里有什么，只想着自己需要什么，却不关注别人的需求是什么。

3. 合作是双赢的，能否给双方都带来价值

单方面获利或者利益分配不合理，合作一定持续不下去。有很多人经受不住利益的考验，格局太小，不愿意分享好处，只顾自己，结果只能是一锤子买卖，而且留下坏名声。

值得一提的是，价值也可以分为短期和长期两种。利益是短期价值，希望是长期价值。因利益而结盟的叫团伙，因希望而结盟的叫团队。

有的人只跟利益走，有的人跟着希望走，不同的价值取向吸引不同的人。

4. 能否分清感情和价值

什么是感情？什么是价值？价值是理性的，价值交往过程也是理性和枯燥的，它需要分泌一种非理性的介质，这种介质就是感情。也就是说，感情是价值交换过程中产生的副产品。

感情的深浅，是由双方价值交换的程度和频率来决定的。而且感情必须一直依靠着价值交换来支撑，如果其中有一方失去了价值，或是一方不再需要对方，那么这种感情就开始冷却。

比如你周围有那么多人，为何却只和少数几个人成为朋友？是不是因为你们比较聊得来？或者经历非常相似（比如来自同一个地方）？再或者是现在的处境很相似？这些都是因为你们能够互相理解，满足了对方的精神需求。

最后请大家记住这句话：立于不败之地的唯一办法，就是让自己永远都有价值。还是那句古话说得好：天行健，君子以自强不息。

如何实现高效社交

无效的社交

第一种是网络社交。

社会学家戈夫曼洞见了网络社交的本质：这是一个大剧场，每个人都是天生的演员，通过各种符号自我美化，进行合乎他人期待的表演。演员时而组成剧班，相互配戏；时而深入观众，挑逗互动。

对于这些人而言，他们最需要的只是情绪化的态度，比如一哄而上的赞美、趋之若鹜的围观，尽管这并没有多少实际价值。

这种网络社交，也可以称为"点赞之交"。

第二种是泛泛之交。

很多人都有如下行为：过节要走亲访友，平日里要打理和同事的关系，有时被老同学邀请去聚会，甚至被某铁杆朋友拉过去凑个数……

再想想下面这个场景：你跑到一个聚会上，跟一群陌生的人嘘寒问暖，全程笑脸相迎，满屋子客套话，互相絮絮叨叨，敬酒、扫微信、留电话号码，但是三天之后就记不清对方是谁。这种是普通的社交，也可以说是无效社交。

第三种是不平等社交。

社交，其实是一种资源交易。

如果自己拥有的资源太弱，就变成了单纯的"索取方"，公平交换的关系建立不起来，只是一种徒劳。

甚至如果你"用力过猛"，在别人眼里就成了"谄媚""逢迎巴结""点头哈腰"的人，最终成为别人眼中的笑柄。

仔细想一下，我们的时间和精力大部分都被这种"无效社交"占用了。很多时候，使我们劳累的并不是工作本身，而是这种"无效的社交"。

真正的社交

社交场上，资源多的人喜欢与资源更多的人交往。当然最后的结果一定是和资源差不多的人建立了社交关系，这才是"公平的交易"。从社交角度来说，这也是有效的社交。

你自己不优秀，认识再多优秀的人也没有用。你自己的层次，决定了你所处的层次。你永远只能和同一个层次的人在一个圈子。与其花费大量时间去结交别人，不如努力地提升自己。

我们正在从外求变成内求。外求就是求资源、求渠道、求关系，往往到头来却发现是竹篮打水一场空。内求就是将自己的精力都放在应该做的事上，将你的特长发挥到极致，这样自然就会把别人吸引过来，然后满足自己的需求。

这就是"求人不如求己"的真正内涵。

价值交换

真正高效的社交，所有行为都围绕着我们提到的"价值交换"原理展开。

从某种意义上来说，未来的社会是不需要社交的。凡是存在的距离，都是合理的。我们不需要刻意走近或走开，只需做好自己，该走近的早晚都会走近。

　　对每一个人来说，时间和精力都非常有限，应该把有限的时间和精力用在更重要的事上、更重要的人身上。将你该做的、擅长做的事做到极致，自然就会把该吸引的人和事都吸引过来。

可靠的人，才最值得你交往

一

聪明的人适合聊天，可靠的人适合一起做事。

有些人你跟他聊天时，他会让你很舒服，因为他很会揣摩你的想法和意图，然后附和你，而且轻下诺言，让你感到很开心。不过这样的人往往只适合聊天。而且这种人，往往让你"一见如故"，再见平和，三见后就索然无味了。

爱情里有"乍见之欢"，社交里同样也有。有一种人，你和他们在一起的时候，发现他们有很强的原则性，不太轻易给你许诺，不说大话，不摆过去的功绩，而且他们似乎并不太愿意附和你。这种人恰恰才是适合一起做事的人。

二

老子说："信言不美，美言不信。"忠言逆耳利于行，阿谀奉承多小人。

过去，我们高度评价一个人，会说他很善良、聪明，或者能力很强，而现在对一个人的高度评价是这个词——"可靠"。

可靠，包含了对一个人所有美好的期待。

有句话说得好："诺不轻许，故我不负人；诺不轻信，故人不负我。"

一个可靠的人，承诺你的时候，他在心里已经有了把握，这件事情该怎么办。

如今有些人只是为了逞一时口快，当场就给人许下诺言，事到临头却变了卦；或者嘴上说得很好听，却从来不行动。结果徒让别人抱有希望，自己又无法实现诺言，不仅耽误了别人的事，还损害了自己的名声。

我有一个做销售的朋友，总是跟我埋怨：之前搞定客户的那套方式不行了，因为客户被欺骗过很多次了，现在都不信人了……这是很多行业都会遇到的问题。其实何止是开拓客户，社交和合作也是这样。

以前，有些人能说会道、八面玲珑，很会"做人""搞定人"，所以很容易得人心。而如今，这些人寸步难行了。因为我们见过太多不可靠的人，都已经产生免疫力了。

现在，我们要的东西越来越实在，只有那些真正有价值的东西，才能打动我们。因此，如今真正受欢迎的人，是那些可靠的人。他们不靠夸夸其谈、不靠各种花招取得别人信任，只会踏踏实实地做事、做人。这种人如今更容易得到信任和机会。

三

如今，"忠诚"比"能力"更重要。

因为随着社会越来越开放，篱笆越来越少，各种诱惑会越来越多，与只有能力而不够忠诚的人在一起是非常危险的。当背叛的筹码足够大时，难保别人不会抛弃你。

如今，"人品"比"见识"更重要。

因为在知识大爆炸的时代，人们获取信息的速度超过以往，久而久之，大部分人都会变得聪明、有见识、有远见。但是"好人品"，却是一件天然的稀缺品。

如今，"放心"比"能力"更重要。

因为在个体崛起的时代，每个人的独立性越来越强，如果大家不能彼此信任和放心，合作效率会很低，而和可靠的人在一起合作做事，不会互相猜疑，不会人人自危，内耗就会最大程度降低，合作效率会大大提升。和有小聪明的人聊天，做事要找靠谱的人。

正如有人所言，所谓可靠，就是"慎言慎行，将事情办得超出预期"，就是"不贪不占，懂得推己及人"，就是"凡事有交代，件件有着落，事事有回音"。

可靠的人，也必然是一个光明磊落、宅心仁厚的大德之人。一个真正的聪明人，在别人眼里定是一个可靠的人。所以，可靠也是最好的社交名片。

所有的奋斗，是为了自主的人生

奋斗可以分为三种境界：

第一种境界：《我奋斗了十八年，才和你坐在一起喝咖啡》。

这是一篇几年前在论坛上广为流传的文章。

作者最后这样总结：（后来终于）在上海读完了硕士，现在有一份年薪七八万的工作。我奋斗了十八年，现在终于可以与你坐在一起喝咖啡了。

第二种境界：《我奋斗了十八年，不是为了和你一起喝咖啡》。

这是一篇在那三年后流传的文章。这篇文章的作者是一名清华大学硕士，作者写道："我曾经以为，学位、薪水、公司名气一样了，我们的人生便一样了。事实上，差别不体现在显而易见的符号上，而是体现在世世代代的传承里。当我还清贷款时，你买了第二套住房；我每月寄一千元回去，承担起赡养父母的责任，你笑嘻嘻地说：'养老，我不啃老就不错了。'至此，喝不喝咖啡又有什么打紧呢？我奋斗了十八年，不是为了和你一起喝咖啡。"

以上两篇文章是两篇时代心声，我们需要给奋斗的年轻人更多的人性关怀。

看到以上两篇文章，我也写了一篇文章，我认为这是奋斗的第三种境界：《我奋斗了十八年，终于不再需要和你一起喝咖啡》。

前几天，一个很成功的人加我微信，他先是把自己介绍了一番，无论是出身、背景、资历、成绩都很光鲜，然后他说："我们有空一起喝个咖啡吧，我在×××。"

估计他早已习惯了高高在上，一般人他也懒得去见，所以认为主动约我喝咖啡，我应该会感到很荣幸，然后去找他。

我这样回复："谢谢×总，如果有什么事可以先微信上聊一下。"

潜台词就是说：就算你很厉害，但和我也没有什么关系。你有你的世界，我有我的世界；你有你的安排，我有我的安排。大家都挺忙，如果有可以合作的地方，可以直接先在线上说，如果有必要，大家再见面详谈，这样效率会高一些。

我可以想象他看到这条回复后的样子，应该哼了一下。

我这样做倒不是摆架子，而是我现在已经没有必要再去讨好、攀附任何人了。

我认为奋斗的真正意义在于，终于过上了一种独立自主的生活，再也不需要去依附于人。

我不敢说自己现在成功了，但我至少不需要再用低姿态去主动拜访各种人了。

如果你真的想见我，请主动来找我。如果我觉得有必要见面，我会给你时间。

未来的社会就是这样，大家各自过各自的生活，谁也不用羡慕谁，谁也不用照顾谁，谁也不能干涉谁。

想当年，为了能够找到一份工作，我们奔走于各大招聘会，日夜不停地在网上投简历，好不容易得到一个面试的机会，见到的也只是公司的人事主管，见到老板都很难。

那时多么盼望能有一个老板，能给我们一个和他一起"喝咖啡"的机会，然后展示自己的能力，获得一份还算体面的工作。

如今在我眼里，所有的人都是平等的。尤其是能出现在同一个场合的人，社会地位基本都是同一水平的。

谈合作也好，聚会也好，相亲也好，大家一旦被拉着坐到一起，就说明地位已经相差无几。

只是有的人奋斗了十八年才坐到这里，有的人一生下来就在这里占了位。

英雄不问出处，有经历的人反而会更加成熟和淡定。

看一个人的地位很简单，观察一下他周围人对他的态度就好了。

奋斗，才是最高层次的社交。因为你自己不优秀，认识再多优秀的人也没用，你把自己变得优秀，自然会有一群优秀的人围着你。

这就是奋斗的真正目标——做回你自己。如此简单。我奋斗了十八年，终于再也不需要陪你一起喝咖啡了。

我们和而不同，彼此尊重。

第五章

人性的弱点

多巴胺和内啡肽

能让我们身体兴奋愉悦的东西有两种，第一种是多巴胺，第二种是内啡肽。

多巴胺负责带来"快感"，内啡肽负责带来"幸福感"。

它们两者是如何工作的？我们又该如何从快感升级到幸福感？

这篇文章将给你带来高维的认知体验!

一、多巴胺与快感

多巴胺是一种神经传导物质，它负责帮大脑传递兴奋及开心的信息，当人被外界的信息刺激得愉悦时，多巴胺会大量释放出来， 从而让我们产生"快感"。人类上瘾的各种行为背后，都是多巴胺在起作用。

这种上瘾的背后究竟是什么呢？

以嗑瓜子为例，我们嗑瓜子时可以一粒接一粒不停地嗑，但是如果把瓜子仁全部剥好放在我们面前，我们却不想吃了，这是为什么呢？

其实嗑瓜子是一种奖赏机制：每嗑一粒瓜子，从嗑到嘴里到吃进去的时间是很短的，只需要几秒钟我们就会奖励自己一点香香的味道，得到了嗑瓜子这个行为的奖赏。

于是我们可以不停地嗑下去，直到感到口渴乏味为止。当然，很多人还是会喝一杯水继续嗑。

游戏也是利用了这样的原理，我们不断地升级闯关，游戏能给予我们及时的奖励，每打一怪、每闯一关就得到一份奖励，比如级别的提升、能量的累加等等，正是这样的刺激让我们沉迷其中。于是我们乐此不疲，可以一直玩下去。

但是如果直接把这些奖励放在我们面前，我们反而没兴趣了。比如我们换一种嗑法，先把瓜子一粒一粒地嗑出来，坚持嗑半个小时，再把瓜子仁一次性吃掉，很多人就会觉得无趣了，因为奖励来得太滞后了，每一次嗑瓜子的努力都没有得到及时奖励。

人类有一个本能，要立刻得到好处，这种好处最好是眼前看得到的东西。从付出到收获的时间越短，人的满足感就会越强。

因此让我们上瘾的并不是快乐（多巴胺）本身，而是不断地得到快乐（多巴胺）的过程。让我们孜孜不倦的不是奖励本身，而是奖励机制。

我们的快感不是来自快乐本身，而是快乐来临的感觉。

所以，要想让一个行为持续下去也很简单，那就是让我们进入从行动到奖励的循环中，而且反馈周期必须要短，否则我们会因为没有耐心而放弃。

因此，我们在做规划的时候，要制定两个周期，一个是"奖惩大周期"，一个是"奖惩小周期"。

所谓"奖惩大周期"就是大目标，实现这个大目标之后的利益必须是精准分配到每个人身上的。我们还要制定"奖惩小周期"，这个小周期要越短越好，要让人人都能看到眼前的好处和利益，要让每一个正确的行为都能得到及时的褒奖。

然而最关键的一点在于，人产生快感的阈值是会不断升高的。一个人要想一直获得快感，就得不断加强刺激的程度，你需要更持续、更强烈的刺激，才能继续获得快感。

但这种快感是有极限的，如果一直持续下去，会对人体产生巨大的伤害！

有这样一个实验：在小鼠脑中埋个电极，让小鼠踩踏板放电，每踩一次，电极就会刺激产生多巴胺的神经元兴奋。结果小鼠以每分钟几百次的速度踩踏，直到力竭而亡……

如果一个人的欲望可以被无限满足，如果一个人无止境地追求更刺激的快感，他离堕落就不远了。

想一下我们现在的手机上瘾吧，无论是朋友圈的信息还是短视频，我们需要不停地点开"下一条"，这就是多巴胺主导的奖励机制在告诉你：下一条会更刺激。这种感觉似乎可以缓解我们的焦虑，但是当我们点开了新消息，又开始期待下一条消息，于是不停地翻看下一条内容……

每次刷完短视频，打完游戏，看完刺激的电影，放下手机，反而会觉得更焦虑，充满了无尽的空虚……

而且在这种满足和刺激之下，我们已经不需要再去费心地做选择了。人变得越来越懒，甚至已经懒得选择和辨别了，丧失了独立思考的能力，也就意味着人变得越来越愚蠢。

最值得一提的是，在算法推荐的配合下，这种上瘾机制被很多平台玩到了极致。算法推荐是一套非常高明的推荐机制，它不停地收集我们的数据，它解读你、透视你、审视你，知道你喜欢什么，想要什么，然后无限满足你的喜好。你喜欢什么，就反复给你推送什么，挖掘你内心深处的癖好，让你无限沉溺于中。

每个App背后都有一个强大的运营团队，他们用尽最前沿的科技（AR+VR），用更大的运算和数据处理能力（云计算+大数据），通过声、光、交互、反馈等全方位途径，再在各种心理学、消费行为学、神经科学等理论的指导下，不断地给人们刺激，让人们持续地"爽"，离不开这些App。

这些团队还在一些关键的地方和时间点设计"奖赏"，比如不断有惊喜和奖励，或物质的或精神的，从而提高用户的留存度、打开率和停留时间。而提高App的打开率，增加停留时间，会让App更值钱。

有这样一种解释，上瘾是指一种重复性的强迫行为，即使知道这些行为可能造成不良后果，仍然被持续重复。这种行为可能是中枢神经系统功能失调造成的，重复这些行为也可以反过来造成神经系统功能受损。

不断地刷手机，这个动作背后是人们的焦虑不断增加，人们只是靠寻求奖赏去掩盖这个问题，成了被奖赏驱使的奴隶。为了让人们能够上瘾而产生黏性，每次只给一点点奖赏，于是人们就像在沙漠中觅水，反而越来越渴。

人在这个时候就成为多巴胺的奴隶，上瘾将成为非常普遍的事。随着科技的发达，未来很大一部分人将成为多巴胺的奴隶，他们衣食无忧却又无所事事，于是就会沉浸在各种娱乐和感官刺激中。

二、内啡肽与幸福感

内啡肽是一种内成性的类吗啡生物化学合成物激素。它跟吗啡、鸦片剂一样有止痛的效果，等同于天然的镇痛剂，能够帮助人们获得成就感，内心获得宁静。

内啡肽可以提高学习成绩，对抗疼痛，振奋精神，缓解抑郁，改善睡眠，调节情绪，提高免疫力，还能让人们可以抵抗哀伤，提升创造力，等等。

内啡肽也因此被称为"快乐激素"或者"年轻激素"，它能让人感到欢愉和满足，甚至可以帮助人排遣压力和不快。

多巴胺和内啡肽有什么不同呢？

举个例子，它们在爱情中的作用不一样。

人们相爱往往分为两个阶段，第一个阶段是多巴胺在起作用，它让双方瞬间心动，一见钟情，但是当干柴烈火的激情消失之后，就轮到内啡肽起作用了。

内啡肽让人们体会到一种温暖、平和、默契、长久的感觉。

这种感觉虽然温和，但也照样能使人上瘾。

爱情靠多巴胺，婚姻靠内啡肽。

决定一段婚姻是否牢靠，就看夫妻双方能否激发对方内啡肽的分泌，唯有它才能产生宁静而甜蜜的幸福感。

那么内啡肽怎么样才能产生呢？

罗杰·吉尔曼发现，人体产生内啡肽最多的区域以及内啡肽受体最集中的区域，居然是与学习和运动相关的区域。

科学家发现，多巴胺的产生靠刺激和奖赏，是外界驱动；而内啡肽的产生靠的是心血和汗水，是内在驱动。

学习、运动、挑战自我等活动，往往容易促进人体分泌内啡肽。比如运动30分钟以上，就会刺激内啡肽的分泌。跑步过程中就有一个奇妙的"极点"。极点到来之前，人会感到非常疲惫，但是一旦越过了那个点，身体就又会充满了活力。这是因为过了某一阶段内啡肽就会分泌，然后让人们变得轻松了。

那些需要坚持的事，往往都容易分泌内啡肽，比如跑步、爬山、朗读等等。除此之外，练功、冥想、静坐、瑜伽等行为，也会提高内啡肽的分泌量，因此这些修行者也被称为做内啡肽体验者。

多巴胺的存在，让我们明白一个道理：凡是让你感到爽的东西，一定会让你痛苦。

内啡肽的产生，也让我们明白一个道理：凡是让你痛苦的东西，最终也一定会让你愉悦。

越是能让你在当下感到痛苦的事，越能让你获得长足进步，比如晨练、阅读、健身、瑜伽等等，你在做事的时候很累，比如，你在早起的时候感到很痛苦，你在努力的时候觉得很受煎熬，你听真话的时候感到很不舒服，但是恰恰是这些让你感到难受的事，才最终让你超凡脱俗。

痛苦是让一个人觉悟的最快方式。只有用痛苦不断触及自己的灵魂，才能顿悟，这种顿悟就是内啡肽在起作用。

内啡肽是体力和精神双重努力的结果，它带来的是幸福感，宝贵而稀少。

五千年的中国文化要求我们克己。克己的背后，其实就是努力帮我们分泌内啡肽。

克己就是要控制自己的欲望。那些能取得大成就的人，往往都是这种人，他们选择自律，选择忍受各种痛苦，从不随波逐流，这也是不断"精进"的过程。

三、逃离快感陷阱，进入内啡肽的世界

如果一件事很痛苦，人本能就会逃离。寻找安逸和享受，这是人的本能。

多巴胺是我们本能产生的，内啡肽是我们反本能产生的。

顺从本能只能产生快感，反本能才能产生幸福。

世界上的快乐分为两种：消耗型的快乐和补充型的快乐。

多巴胺带来的是消耗型的快乐，内啡肽带来的是补充型的快乐。

消耗型的快乐唾手可得，可以让我们获得满足感，让我们被舒适圈包围，这时稍微有难度的事，都让人不想尝试，而偶尔稍微努力一下，就让人以为自己在拼命。

补充型的快乐却是长期坚持的结果，刚开始的时候会觉得很不适应，因为非常反本能，但是一旦过了临界点，就会形成一种习惯，让我们不断超越自己。这也表明，优秀是一种习惯，而不是一种结果。

社会一直是这样，当大多数人都在追求快感的时候，只有极少数的人选择精进，靠自律获得长足的进步。

愿你克服人性的这些弱点

好为人师

人性里有一种基本属性：喜欢给自己制造优越感。有些人的快乐，并不是因为自己富有、聪明、漂亮，而是因为自己比身边的人更富有、更聪明、更漂亮。

我们经常在各种场合看到这种人，他们一张口就把自己摆到了优越的位置上，滔滔不绝地讲他们的了不起之处，然后一边俯视别人，一边给别人讲大道理。

这就是"好为人师"的人，他们表面上在启发你，其实是在给自己制造优越感。所谓的教育和指导别人，包含了"我比你强"的自以为是。

这是人的本性，每个人都需要在他人面前表现自己的了不起，显得比别人强，从而获得虚荣与满足。好为人师，往往意在求荣。

他们不懂装懂、反复说教，习惯于将自己的观点强加于人，其实只不过满足了自己的口舌之快而已。

实际上，我们每个人都是"井底之蛙"，我们所看到、所经历的，只不过是我们头顶上那一点天空。

当一个人明知自己不足还不知悔改的时候，便是傲慢了。"好为人师"的结果往往是自取其辱。为了显示自己的聪明，结果却暴露了自己的愚蠢。

两千年前，孟子就说："人之患，在好为人师。"这是一个人心胸狭隘、自私的表现。

嫉妒成瘾

人性里有一种基本属性：总担心别人比自己活得好。有些人痛苦，并不是因为自己平庸、贫穷，而是因为身边人比自己条件优越。

我们在生活中总会发现更优秀的人，层次越高，这种频率就越高。面对那些人，层次高的人去欣赏，去学习，而层次低的人则会嫉妒。

嫉妒一旦形成，就是认可自己的无能。

嫉妒心强的人，只能选择跟不如自己的人做朋友，因为他们的满足感需要建立在别人不如自己的基础上，于是他们生活在一群不如自己的人当中。

而那些善于欣赏和学习的人，则永远都会往上一个层次迈进，因为他们不会因为别人比自己强而痛苦。相反，他们很享受和这些人在一起的过程，因为这样才能进步，于是他们生活在一群比自己更优秀的人当中。

自命不凡

人性里有一种基本属性：自命不凡。有些人自信，并不是因为自己可以做出了不起的事，而是认为和身边人相比，自己是了不起的人。

每个人内心深处，都有一种"以自我为中心"的意识机制，它是与生俱来的。它会不停地暗示人，自己的一切才是最优秀的、最合理的。

接触到外界那些出乎意料的成功之后，人们会感到惊慌错乱。这时自我保护机制就会迅速启动。人们的大脑里会收集一切线索去证明别人的成功是侥幸的，如果自己有同样的客观条件，只会比别人更好。

　　大部分时候，这些人宁可自欺欺人，宁可活在自己的世界里，也不愿意承认自己的普通。

　　有些人从小就自命不凡，长大后却发现自己并没有小时候想的那么伟大，于是就把希望寄托在孩子身上，尽一切努力给孩子创造优良的成长环境，拼命培养孩子，目的只有一个：望子成龙，让孩子成为不凡的人。

　　这是他们最大的无知。

　　其实，非凡的逻辑很简单：承认自己的平凡，寻找内心的宁静，发现自己的不凡。

　　但是绝大多数人都过不了第一关。

　　其实，人这一辈子有三次成长：第一次是发现自己不是世界中心；第二次是发现自己无法改变世界；第三次是认清以上现实后，依然热爱世界。

　　好为人师、嫉妒成瘾、自命不凡是人性的三大弱点，也是很多人都无法逾越的三道坎。

　　跨过去了，人就会走向成功。

学会爱自己，才会真正爱他人

世界上充满了这样的人：他们口口声声说都是为你好，但是他们给你的好，却需要你用其他东西去满足他们。

这其实是打着"爱你"的名义来"爱自己"。

这是一种低级的爱，它充斥在朋友之间、恋人之间、夫妻之间、父母和孩子之间。如果你接受了这种爱，就会被他们的狭隘所捆绑，你的生活从此充满戾气，你也将失去自由。

人间众多悲剧，都是由此引发的。

有人说，正因为很多人做不到爱自己，所以借着"爱"的名义对别人好，希望对方爱自己，以此来弥补自己对爱的缺失。

通过爱别人来爱自己的现象很常见，比如：

"我都已经对你这么好了，你为什么不知道珍惜？"

"他再也找不出像我这样对他好的人了！"

"我为这个家、为你牺牲了这么多，你就不能多体谅下我吗？就不能也让让步吗？"

他们非常希望通过自己的奉献，获得对方的珍惜，以此来让对方对自己更好。即使不少人会说自己的付出是不计回报的，但是当发现对方真的不给自己回报时，他们真的可以不怨恨、不后悔吗？

如果从一开始他们就知道自己的付出是没有回报的，他们还会这样付出吗？我相信这世界上有可以回答"Yes"的人，只不过太少了。

更多的人，是借着"爱"的名义索取"爱"。

太多的人，都是以牺牲了自己的名义去要挟对方回报自己。

相信很多人都听过父母这样的抱怨：

"这些年，我们起早贪黑，舍不得吃，舍不得穿，舍不得让你受一点委屈，你却这样让我们伤心。"

还有很多恋人会这样抱怨另一半：

"我为了你，连××都抛弃了，千里迢迢来找你，最后你竟然这样对我。"

其实他们的潜台词是：为了你我牺牲了自己的一切，你却没有给我同等的回报。

这些统统不是爱，而是打着"爱"的名义来索取。

这个时代，个体越来越独立，任何人不需要别人为自己牺牲，更不需要别人为自己放弃所有。这个时代人们需要的是真正的关怀和理解。

只要有牺牲，就意味着不公，就会希望获得补偿，紧接着就会给双方带来灾难。

请记住："自杀式"地爱对方，不仅不会给对方带来幸福，而且最后还会把自己推向深渊。

那为什么还是有人要这么做呢？

因为他们还没有从旧观念里醒来，他们往往是社会里的弱者，而且把人与人之间的相互依存看得无比重要。

但是，这个时代真的已经改变了。

人与人之间的关系正在从彼此帮持走向互相欣赏和独立。但对于弱者来说，由于自卑，往往需要通过别人来建立自己的存在感，包括信心、尊严、对自我的认同，建立自我价值。

这也是为什么当一段感情结束的时候，很多人要死要活，其实，他们并不仅仅是因为失去了这个人，更是因为失去了对自我的认同。

他们宁可去爱别人，也不愿意去爱自己。

为什么呢？因为爱自己是一个艰难的过程。爱自己意味着要不断提高自己，要使自己变得强大，变得美好。但是爱别人，只要发现别人的美好就可以了。

很多人都喜欢外表漂亮，气质非凡，幽默大方，背景良好，举手投足都流露出迷人气息的人。

问题是，你喜欢这样的人，但你自己是这样的人吗？或者你配得上这样的人吗？

因此，总有人说，一个人越缺少什么，越容易喜欢有这种特征的人。

这不叫爱，这叫心理补偿。

或者，他们对一个人好，往往是期待对方能实现自己的理想，而一旦发现对方无法做到这一点，就会不喜欢对方。

真正会爱别人的人，一定很会爱自己。

爱自己，就是经过各种努力和磨难，让自己成为自己喜欢的模样。

很多人思想猥琐、扭曲、狭隘，还不思进取，这种人其实没有资格爱别人。他们缺的不是爱，而是一场自我修行。

他们或许觉得提升自己太辛苦了，所以想找个肯为自己付出的，这样省却了自我修行的过程。

　　然而这个世界，人越来越独立，每个人都必须完成一场自我修行，才能享受到世界的美好。

　　一个内心真正有爱的人，不会祈求得到别人的爱，只会去欣赏别人，同时让自己变得更加值得欣赏。对他来说，一切行为都不是付出，而是互动。他会乐在其中，根本不会计较所谓的得失，更不会在意最后的结果，因为互相欣赏的过程就是他最想要的。

　　真正的爱情是怎么样的？真正的爱情，是两个人通过相互激励和影响，最后都变成了彼此想要成为的模样。

　　爱情应该是相对独立的两个个体摇着小舟彼此接近的过程，不是一个人历尽千辛万苦上了另一个人"贼船"的过程。因为一舟只负一人重。

　　想学会爱人，首先要学会爱自己。

　　只有懂得自爱，你才有资格去爱别人。

保持人与人之间的界限，才能走向成熟

有些人从小开始，界限感就是模糊的。比如一个孩子跌倒后，本应该自己爬起来，那是他自己的事，但父母却看着心痛，立刻过去扶起来。其实，这种小事就意味着，善良的父母们已经侵入了孩子的界限。

等孩子长大去上学了，很多父母早送晚接，如果自己没时间就安排家里老人或保姆去接送，日复一日，风尘仆仆。

等孩子长大填高考志愿了，大学恋爱了，工作了，要结婚了，父母也总是插手。

这种越俎代庖，会让孩子十分痛苦。他们会一直没办法彻底独立。这也就是为什么很多成年人的心态依然像小孩子一样。

不过，就像我经常说的：世界上没有无缘无故的爱，也没有无缘无故的恨。

不少人一边大声宣告"这是我的事"，一边却让父母帮自己出房子首付。这种两代人的痛苦，其实互为因果。

当一个人缺乏界限感时，常常会无缘无故地依赖他人，或者经常涉足他人的私事，然后引发无数矛盾。

将来有一天，从小缺乏界限感的人也有了孩子，他们依然会带着模糊的界限感开始与自己的孩子互动。所以这种模糊的界限感，会被一代代传承下去。

很多痛苦和无奈，都是因为人和人之间走得太近了。那些好得"一塌糊涂"的朋友，那些如胶似漆的恋人，那些如穿一条裤子的创业者，最后往往各奔东西。

一旦两个人之间没有任何距离，就不再分你我。恩惠一旦变成恩宠，情感的性质就开始变化了。曾经喜欢得有多深，最后伤得就会有多深。

老子说过："大曰逝，逝曰远，远曰反。"如果一直任由感情升温，一定会适得其反。

"鸡犬之声相闻，老死不相往来"，很多人把这句话的背景理解为邻居吵架了，其实这句话说的是人和人相处的最高境界：即便近在咫尺，却也不会互相影响和干涉，彼此独立，和而不同。

如今，我越来越深刻地意识到：这句话描绘的竟然是一个非常和谐、文明的现代社会，老子真乃神人也！

人类正从群聚走向独居，这是一种趋势。

一个社会的生产力越低，人与人之间的距离越近。比如原始社会，人与人必须时刻抱团，才能抵御灾害和野兽的侵袭。比如封建社会，男人是耕地种田的主力，女人力气小不擅长做体力劳动，必须依托男人才能有衣穿有饭吃。但是现在不一样了，生产力越来越发达，人们完全不需要依靠在一起才能生存下去。

科技的发展，把人从劳动中解放出来，变成了指挥者的角色，于是无论是男人还是女人，都变得越来越独立。

人的个体化，是大势所趋。未来的人，都会成为一个个完整而独立的个体，而且在互联网的帮助下，社会分工会越来越细，越来越完善，各种垂直领域越来越多，纵向发展也会成为个人成长的一大趋势。每个人都专注于自己的领域，并且为之努力，互相干涉的情况会越来越少。

未来的社会将很有意思：一部分人完全理解不了另外一部

分人，这个人完全理解不了他身边的另一个人。不能理解没关系，能尊重彼此的不同，就是最高层次的修养。

以前人们是"同而不和"，每个人都是在同样的模子里成长的，真实的内心被压抑，于是每个人稍有机会就会发泄自己。人的精力太多，又无法实现自己的价值，就转化成了各种负能量：拉帮结派、算计排挤、攻击谩骂等，这叫面和心不和。

未来则会是"和而不同"，人和人之间的区别会越来越大，每个人都在追求个人价值的最大化，再没有闲心说别人闲话，也不会在意别人的眼光，谁也没有权利把自己的三观强加于人，这叫多元化共存。

关于爱情，最美的感觉是什么样的？你喜欢他，他也喜欢你；你知道他喜欢你，他也知道你喜欢他；你们形成了一种默契，你们眼看着就要在一起了，但是你们始终都没在一起。这种感觉才是最美的，只可意会不可言传。

鲜花虽美，可远观而不可亵玩。然而，大部分人总是有着过强的占有欲，他们总是希望尽快、尽全地将对方占有。当两个人突破了最后那点距离之后，一切变得索然无味，心开始离得越来越远。

关于友情，最好的状态是什么样的？我最喜欢的一句话是：君子之交淡如水。人与人之间最好的关系是欣赏彼此的长处，懂得对方的不容易，就这么互相欣赏着和关注着，虽然没天天在一起，但是当你需要帮忙的时候，他能伸手；当他有需求的时候，你懂他想要什么。这是一种默契，也是两个人最好的关系。

在工作和社交过程中，想必你也遇到过不少这种人。他们表示很欣赏你，然后迫不及待地想马上和你合作。其实，这也是一种变相的占有，因为他们想立刻"利用"你的价值。

因此每当有人表现出这种动向时，我总有一种想退缩的感觉。因为真的太快、太盲目了。

无论是恋爱还是社交，都和跳舞一样，要在互动中找感觉。你先进一步，他就会退一步；你再退一步，让他进一步。两个人要在互动中找到那种感觉，然后循环下去。如果两个人一直紧贴着，那会都很难受，更别说施展自己了。

另外从人性的角度来讲，人和人之间的关系真的很微妙：陌生一些，他敬畏你；稍熟悉一点，他就"拿捏"你，因为你的"七寸"已袒露在那里。一个人一旦在别人眼里一览无余，就会徒生厌倦。

　　无论你多么伟大和了不起，如果一个人整天陪着你吃喝拉撒，和你一起讨论柴米油盐酱醋茶，完全融入你的生活起居，时间长了，你在他眼里和一个凡夫俗子会没什么两样。

　　所以，如果你崇敬一个人，想让他做你的人生导师，请离他远一点儿，这样你才能恭敬他，他才能教得了你；同样，如果你真正喜欢一个人，想永远那么喜欢下去，也不要试图立刻去占有，更不要总是想着去娶她或者嫁给他，否则你对浪漫的憧憬和向往早晚会消散。

　　我至今对一件事记忆犹新，那是十年前我大学刚毕业的时候，有一次老板请我们吃饭，其间他在介绍嘉宾的时候，其中有一位女嘉宾，介绍完之后他特别补充了一句，这是我太太。我当时很惊讶，一般人介绍自己的老婆都是很随意的，可他却那样郑重其事。后来同事告诉我，他们夫妻之间一直相敬如宾，直到现在他们的家庭都很美满幸福。

　　的确，相敬如宾才是夫妻相处的最高境界，但是大部分人都搞不明白这个道理，总以为夫妻之间就应该不分你我，结果经常互相指责乃至嘲弄，到了最后在对方眼里变得一无是处。

　　夫妻是这样，同事之间、朋友之间、恋人之间也是这样，给彼此留一定的空间，还各自一点自由，让各自多点想象，岂不是更美?

　　每一个人，都要懂得为自己设定界限，同时也要懂得别人

的界限在哪里。

如何才能真正地帮助人

中国有句古话：升米养恩，石米养仇。

如果你在别人危难的时候，给他一个适当的帮助，然后推他往前走一步，他会永远感激你。

如果你给他的恩惠，远远超过了困境对他的限制，他就会对困境麻木，甚至放弃要突破困境的意愿，然后对你形成依赖，而且在你接连不断地救济他的同时，他内心对你的感激会递减，甚至递减到可以问心无愧地接受你的馈赠的地步，由感激变成理所当然。当你不再施恩的时候，他就会对你反目成仇。

自强型的人总是有一种自强思维，他们总是在提醒自己，无形中在不断激励自己，而很多弱者不能变强的根本原因就是，他们总是在潜意识里将一切失败的原因归结为自己所在的环境和条件。所以他们对自身境遇充满了自卑与恐慌，很容易跳出"自我检讨"的环节，将一切问题直接转嫁到他人身上。

他们会认为别人比他们过得好，只是运气好而已，他们永远看不到别人的努力。

当年一起读书上学的小伙伴，当年同一个村子的人，凭什么你有今天的成就，而我没有？所以他们会认为你帮助他们是一种现实的补偿，一旦你减少或者停止赠送，他们将不可逆转地产生愤怒。

我们一定要记得：人的价值，在于其独立性。我们所能够给别人最大的帮助，就是帮他实现自己的独立性。当你发现他可以自主谋生的时候，一定要让他独立发展。如果把握不好这种关系，很容易反目成仇。

还要切记以下几点：升米养恩人，斗米养懒人，石米养仇人。你真心想帮人的时候，就不要想着让对方报答的事。如果你希望对方报答，期望不要太大，以免自己失望。

如何才能不被洗脑

最近这几年生意没那么好做了，很多老板马不停蹄地去学习，他们的目的很简单，就是去寻找可以解决问题的方案。但是一个残酷的事实是，企图通过一些所谓的培训实现转型升级的企业，往往适得其反。

很多企业家认为自己是在学习。他们总觉得自己什么都不懂，每天都很焦虑，就去参加各种学习班，生怕自己落伍了，然后吸收了各种各样的理论，最后完全"摸不着北"了。

他们上的这些培训机构，往往讲的是股权架构、逆向盈利、精细管理等理论。这些理论对企业或许有一定的价值，然而这些培训机构对这些方法也一知半解。他们利用企业家的焦虑和恐慌来赚钱，这些培训机构存在的作用往往是加速企业的倒下，并且在它们倒下之前再割一把"韭菜"。

归根结底，是这些企业家总是希望从外界获得直接可以用的方法，最好能找到一把万能钥匙，让自己不用思考就能把所有问题给解决了。这不叫学习，这叫偷懒。

学习不是偷懒，不是你交点钱给别人就能买到一个秘方的。你可以花钱买别人的经验，却无法花钱帮自己少走弯路。真正的方法往往不是花钱买到的，而是靠自己悟到的，实践到的。

这就是很多老板虽然花了很多钱参加了那么多培训，却依然改变不了的原因。他们到处上课的样子，只是看上去很努力而已。

很多培训机构抓住人们急于求成的心理，搜集各种商业案例和信息，再结合各种新鲜概念，包装成各种新奇的理论，宣称找到了商业的捷径或诀窍，可以帮人绕开弯路，从而让很多人趋之若鹜。

每一个新科技概念一出来，总会被一拨别有用心的人利用，这多么让人痛心！

大家要记住一个道理：最好的东西永远都是和最坏的东西并存的。天堂的隔壁就是地狱，天使的身边就是魔鬼，越好的概念越容易被利用，所以，我们一定要注意甄别。

那么，洗脑和学习的区别是什么呢？

"我发现了一条捷径，赶紧跟我走。"这是洗脑。

"人生没有捷径，只能好好做自己。"这是学习。

"我很厉害，你们都要来听我的课，最好你们从此什么都不用干了，都去卖我的课，我给你们提成。"这是洗脑。

"我们一起来学习，共同进步，大家回去后都能做得更好，今后可以偶尔再来这里看看。"这是学习。

"掌声在哪里？听懂的，掌声！"这是洗脑。

"大家各自安静思考，各自寻找自己的答案。"这是学习。

"要成功，先发疯，头脑简单往前冲！"这是洗脑。

"没有认知坐标和深度思考之前，一切的努力都是无效的。"这是学习。

洗脑的场合和学习的场合，又有什么区别呢？

如果你去一个场合，那里充斥着令人头晕目眩的音乐和灯光，学员们个个手舞足蹈，嘴里喊着同样的口号，做着同样的动作，人们体验到的只是身体上的狂欢，他们的大脑早就停止了思考，被操控了，这就是洗脑。

如果你去一个场合，里面特别安静，除了对话之外再也没有其他声音，人们个个都很安静，表情各异，这些人外表虽然冷静，大脑却在高速运转，每个人都在寻找自己的答案，这就是学习。

洗脑的本质，就是不用自己的头脑思考，人云亦云。

学习的本质，就是让一切都停止下来给大脑思考的空间。

洗脑，是通过强加干扰，不让他人思考。

学习，是通过互相帮助，启发他人思考。

洗脑让人盲从，成为别人的工具；学习让人思考，成为自己的主人。

很多培训机构最擅长的就是洗脑。它们擅长通过影音、灯光、声效、演讲等综合手段，组建一个梦幻的场景。这个场景让人陶醉，让人丧失独立思考的能力，跟着它们的思路走，认为自己马上可以一夜暴富，然后在全场情绪最高潮的那一刻，它们会让你刷卡付钱。

获取知识的能力，比知识本身更重要。

很多人不爱学习，企图从别人或外界那里找到方法，就像去求一把万能钥匙，让自己不用思考、成长，躺着不动就能把所有问题给解决了，这是典型的找捷径、偷懒。

方法是认知提升到一定阶段自己悟出来的，是靠执行和实践逐渐摸索出来的，无论多么高明的老师或者成功人士，他们最多只能给你一个启示，真正的方法必须靠你自己去悟、去实践。

这个世界上没有放之四海而皆准的道理，更不会有直接拿来就可以用的方法。每个人的资源、环境、特点不一样，即便是同样的事情，用同样的方法去做，不同的人也往往会有不同的结果。只要认清了这一点，人就很难被洗脑了。

匠心的根本

为什么浮躁的人无论怎么努力，也造不出精美的作品（产品）？

因为一个作品（产品）的层次越高，每提升一分的难度就越大，比如从98%到99%所需要的努力，远远大于从80%到81%所需要的。

更重要的是，作品（产品）精进到一定程度的时候，只靠努力是无法继续提升的。因为一个作品（产品）从0到99%那部分是靠技术完成的。但是从99%到99.9%，乃至到99.99%的那部分，取决于制作者的心态和品行。这才是最见功力的地方。技术提升到一定境界，就是艺术。所以，层次一般的人拼技艺，层次高的人拼境界。我们真正品尝一道菜的时候，品的不是菜本身，而是厨师的心境。

学到的是技术，悟到的才是艺术。

一个内心足够强大的师傅，才能有出神入化的技艺。

一个内心充满爱的人，才能做出让人感到被关怀的作品（产品）。

真正优秀的作品（产品），绝不可能在恐惧、焦躁、互不信任的环境中产生。

一门心思挣大钱的人，只想捞一把就走的人，不能心如止水的人，做不出优秀的作品（产品）。

周星驰的电影《食神》里有这样一段经典台词：他高傲，但是宅心仁厚；他谦虚，但是受万人敬仰；他把神仙赐给人类的火运用得出神入化，烧出堪称火之艺术的超级菜式……每个人都给他一个称号——食神。

在电影的最后，周星驰又大喊：世界上根本就没有食神，人人都是食神，老爸老妈、大哥小妹、男孩女孩，只要有心，人人都是食神。

是的，只要心中有爱，人人都可以做出可口的美味。心里有爱，手中才拿捏得住这世间的温存。这才是匠心的根本。

弱者思维害了多少人

一

真正的强者，都是因为有了强者思维而强大。

强者思维的本质，是因为他们内心深处已经把自己放在一个强者的位置上了，所以就不需要证明自己的强大，而是会去倾听对方的心声，照顾对方的感受，在潜意识里希望能带领对方成长。

而弱者思维的本质，就是因为他们在内心深处已经把自己放在弱势的位置上了，但为了要强，又要不断去证明自己的强大，结果陷入了一个"越要强就越脆弱"的恶性循环中。

我们经常会见到一些外强中干的人，他们看起来很强大，张牙舞爪，逢人就先证明自己，唯恐别人看不起自己，但是只要击中他们脆弱的要害，他们立刻就被激怒，非常生气和惊恐，原形毕露。

很多男人都有弱者思维，比如"妈宝男"。

什么是"妈宝男"呢？

就是身体已经长大，心态还停留在婴儿时期的男人。他们内心脆弱自卑，但为了掩盖这种自卑，又时时向外界耀武扬威，时刻证明自己的强大，唯恐别人看不起他们，所以成了大男子主义。

究其本质，是因为他们没有真正地成长，或许是因为一直被庇护，或许是因为一直没有独立地面对世界，所以他们严重依赖于别人的保护，包括老婆、父母等。当然，这也给那些庇护他们的人带来各种烦恼。

很多女人由于认知的不足，常常在刚刚接触这种男人的时候，把这种男人当成宝，也因此许了终身。

很多女人也有弱者思维。

比如有很多这样的女孩子，她们特别容易被那些经常对她们嘘寒问暖，半夜给她们买夜宵的男人，或者经常能给她们满口的承诺和满屋子节日礼物的男人感动。其实这些男人的这些行为只是一种泛泛的付出，如今，一个女人稍微努力一点点，都不再需要这些。

二

弱者思维有五大特点。

第一大特点：习惯于产生依赖。

这是弱者思维最强烈的意识，由于弱者把自己放到很弱的位置上，所以需要被庇护，从而对周边的环境产生依赖。他们甚至幻想牺牲自己的所有，以换来强者的同情和爱。

很多男生在追女生的时候，使出浑身解数还不够，还会透支做一些无谓的事，比如用一个月的工资买一件礼物，只为让对方感动……

任何用过度的付出换来的关系都注定成为悲剧。

然而这种弱者思维经常发生在恋人之间、朋友之间、亲子之间。这种付出的结果，往往是牺牲了自己，又拖累了别人，最后还弄得两败俱伤。

大家要记住一句话，这个世界上只要有不公的地方，就会在另一个地方，或者以另一种形式补偿回来。

那些刚开始口口声声说爱你的恋人，口口声声说为你好的家人，到了一定阶段往往会要求你做这做那，或者不能去做什么，这就是一种变相的补偿。

所以，不要和有弱者思维的人谈恋爱、交朋友、合作，如果他是你的家人，你没得选择，那么就请让他明白什么是弱者思维。

因为人间无数的悲剧，都是由此引发的。

三

第二大特点：习惯于为难更弱的人。

鲁迅说过："勇者愤怒，抽刀向更强者；怯者愤怒，却抽刀向更弱者。"当一个弱者被欺压时，往往会把怒气撒向更弱者。

由于弱者在现实中处于弱势状态，总是被现实和别人刁难，但他们并没有想方设法让自己强大，反而用一种转移的方式去为难那些更弱的人，寻求补偿。

生活中这种现象很常见。

比如在外边受了气的男人，因为没有能力去报复那些让他受气的人，回到家的时候就打骂老婆孩子、踢猫骂狗、东摔西砸。这已经不只是弱者了，这是典型的懦夫。

再比如某人忽然挨了一顿领导的骂，回到办公室就会把自己的手下骂一顿。这是没有气量的表现。

还有在广告行业里，某个甲方的负责人如果遇到不公平的事，就会使劲地折磨服务自己的乙方，好像看到乙方被折磨得死去活来，自己就会好受……

因为弱而去欺负一个比自己更弱的人，是弱者最无能的表现，这就是懦夫。

四

第三大特点：习惯于找理由。

弱者最大的痛苦，并不是自己的弱势、平庸，而是看到别人比自己强大。

很多弱者的潜意识里，有一种对"自尊"的保护机制。但凡接触到外界那些优秀的人，他们就会感到惊慌错乱，大脑就会收集一切线索去证明别人的成功是侥幸的，认为如果自己有同样的客观条件，会比那些人更好。

就像上学的时候，我们热衷于讨论学习好的人都是书呆子，漂亮的姑娘往往没头脑；长大之后又会说，同事升职是因为会拍马屁，同学创业成功是因为家里给了巨额的资金支持。

弱者总喜欢把高高在上的人拉下马，踩在脚下，去践踏他们，以此获得心理上的满足，这种感觉甚至比自己取得成就还快活。

弱者非要把一切优秀和成功往最不堪的地方想才安心，仿佛只有这样，才能证明自己的庸俗不是孤立的，并为自己的弱势找到理由。

弱者宁可证明别人的平庸，也不愿意面对自己的平庸。

五

第四大特点：担心身边人变好。

弱者最大的"欣慰"，就是喜欢看到身边人比自己更弱。

他们宁愿看到不认识的人好，宁可看到离得远的人好，就是容不得身边人比自己好。离自己远的人，或者远远胜过自己的人，他们就羡慕崇拜；离自己近的人，或者稍微胜过自己的人，他们就嫉妒仇视。

这是弱者思维最愚蠢的表现。思考一下，生活在一个远不如你的人群里，和生活在一个谁都比你厉害的人群里，哪个才对自己最有利？

显然是后者，因为你永远都能借势，甚至被"捎带"着进步。而很多人却宁可生活在一个远不如自己的人群里，宁可被连累，宁可被扯后腿，宁可互相踩挤，也不愿意看到身边人飞黄腾达。

其实，如果你身边人发达了，你也不会差到哪里去；如果你身边人都先后落魄，你又能好到哪里去呢？

善待身边人，其实是在给自己铺路。嫉妒身边人，会让自己陷入万劫不复之境。喜欢送花的人，周围满是鲜花；置身于花海，处处都是花香。偷偷种刺的人，身边满是荆棘；不仅扎了别人，也给自己制造了麻烦。

成就别人，才是成就自己的最好办法。见不得身边人好，其实就是在断自己的后路。

六

第五大特点：习惯于往外求。

有弱者思维的人往往企图从外界获得可以直接用的方法，最好能找得到一把万能钥匙，让自己不用思考、躺着不动就能把所有问题给解决了，哪怕花再多钱也想得到这把钥匙。可是这注定是徒劳无功的。

如果你的内在一直在成长，你终有一天会破土而出。

如果你一直在往外求，那么你只会被埋得更深。

所以，强者思维的核心在于独立性。当一个人发现一切都只能靠自己，只有自己才能帮自己的时候，他就拥有了强者思维。

自助者，天助之。上天只会偏爱拥有强者思维的人，这就是为什么强者越来越强，而弱者越来越弱。

第六章

做人的法则

内观

一

外面的人和事像一面镜子，帮我们投射出我们的内心；我们看到不接纳和不喜欢的人和事，往往是我们内心有"缺失"。因此，当我们产生不接纳、不喜欢的感觉的时候，第一时间应该觉察自己：我为什么会产生这种感觉？我内心哪里有缺憾？

比如，看到别人炫耀就反感，往往是因为自己不够自信；看到别人很痛苦，往往是因为自己感同身受，自己内心也有类似的痛苦在压抑着。

再比如，当自己内心很无聊的时候，往往第一时间认为他人也很无聊。

别人最惹你讨厌的地方，通常也是你最受不了自己的地方，只是你自己不愿意承认而已。

我们跟外面的所有冲突，往往源于我们自己内心的冲突，源于"本我"跟"真我"的冲突。

我们越是抗拒这种冲突，反感的体验就越会持续和加剧，当我们反观自己的内心，去觉察自己的问题时，反而就会跟自己和解了，也因此就会拥抱跟外面的冲突了，这时冲突就消失了。

如果我们一生都在跟外面的冲突对抗，把所有的问题都归结到外部环境、他人身上，这才是最大的悲哀。

请记住，每一次跟外面的冲突和抗拒，都是一次生命的提示，也是一次灵魂升级的机会，要把握它，直面它，拥抱它，消化它，不要错过成长的机会。

尽管每个人到这个世界上的使命不同，但有一点是相同的，那就是把自己修炼得更加完整，内心无所缺失。

人生就是一场修行，什么时候把自己修圆满了，生命就圆满了。

二

人这种自省的能力叫"内观"。

每个人都有两只眼睛、两个耳朵、一张嘴、一个鼻子，但是没有一个器官是对着自己的，都是朝向别人的，所以我们每天都在向外看，对外听，对别人说。

于是，我们总是对别人的事洞察入微，却对真实的自己视而不见。我们看别人可以明察秋毫，却唯独难以看清自己。

一个人成熟的标志，就是让这些器官朝向自己，开始"内观"。收回往外看的目光，去反观自己的内心，把自己搞懂，把自己"搞定"。

《道德经》里说："知人者智，自知者明。胜人者有力，自胜者强。"意思是只有做到自知，并且战胜自己的人，才是人生真正的高手。

三

以前，我总把人生的重点放在确立清晰的目标、制订周全的计划、安排详细的日程上，现在我终于恍然大悟，这些都不是关键，我一直在缘木求鱼。

现在，我终于发现，真正阻碍我的不是能力、时间、方法、步骤，而是我内心始终不敢直面的东西，我总是见到它们就躲避，比如自卑、偏见、情绪化、狭隘、无知、自私等等。

是内心深处的缺憾让我一直无法抵达宁静的彼岸，现在我必须直面它们，消除它们。

一个人只要学会了内观，就能清楚看见自己当前的障碍，就能超越现在的自己，成为最好的自己，抵达自己的彼岸。

当然，内观是一个很痛苦的过程，因为需要直面自己的种种缺点，而且要一个个地去解决。这些问题都是切切实实的。很多人根本没有这个勇气和耐心，于是本能地逃避了。

有意思的是，这些人逃避之后，反而整天叫嚣着去改变世界了……世界上有很多这样的人，他们看起来志向远大，每天都在叫嚷着要改变世界，要去利他，成全众生，却从未想过要先改变自己，真是可笑又可悲。

他们对自己的问题视而不见，却口口声声标榜自己远大的"理想"，他们舍近求远，信口开河，其实都是在自欺欺人。所谓的"改变世界"也好，"利他"也好，其实都只不过是一种逃避现实的借口。

审视自己，审视他人，审视世界。当我们真正开始审视自己的时候，就会忘掉他人和世界，跟自己对话。

小的时候，觉得自己长大后一定能成为大英雄，可以改变世界。

长大了，发现自己改变不了世界，整天只想着去改变别人。

　　现在我终于明白一个道理：人生最应该改变的，其实是自己。

话越简单越有分量

大道至简。这个世界上最核心的东西，永远都是简单至极的。

如果一件事物（包括项目、投资等），你翻来覆去看不明白，看不出它的基本原理，这件事基本上就是不可靠的；如果一个人总是故弄玄虚，说一些假大空的话，说明他在试图遮掩什么，这个人你也要离得远一点。

明眼的人看事情，都是直达事情本质的。

从社交方面来说，可以用这句话来形容：君子言简而实，小人言杂而虚。

言杂而虚，要么是因为不够自信，要么是有意遮掩。有正当目标和理由的人，往往都是言简而实的，他们直来直去，解决完问题再谈其他。

在很多社交场合，都是一群人互相吹捧，或者漫无目的地闲聊。经常出入这种场合的，往往都是事情做得比较失败的人，或者是很茫然的人。

那些真正把事业做得好的人，是没有时间听别人闲聊，也没有时间向别人吹牛的。

你是否发现，越厉害的人废话越少，他们都是简单干脆，直奔目标，往往每句话都直指问题核心，他们会亲自把核心问题解决掉，然后把其他的事情交给别人去做。

真正优秀的人，永远只说最关键的话。他们不会轻易地对人许诺，更不愿意听别人讲一些虚妄的事情。因为他们的时间很宝贵，他们不愿多占用别人的时间，也不会轻易浪费自己的时间。而那些说话没有重点的人，或者总是看不透问题本质的人，讲的永远都是旁枝末节，就像碎角料，他们充其量只是个辅助角色。

任何领域，核心的内容都很简单，能够简单地把事情表达清楚，别人立刻就了解了。

我们要只说最关键的话，然后把剩余的时间留下来，听别人表达。这样你在一个群体中的地位和威望会越来越高。

谦卑让人受益匪浅

　　每个人都有与生俱来的傲慢。傲慢，是"七宗罪"之首。什么是傲慢？当一个人明知自己的不足还总高高在上的时候，便是傲慢了。

　　傲慢的人，是最愚蠢的人。他们总是千方百计地给自己制造优越感，而这种优越感一旦形成，"死穴"也就形成了。它让人沉溺自我，期待别人的仰慕。

　　这些人总会轻易地被利用和被操控，他人只需要故作样子地刺激一下他们的自尊心，就可以操纵他们的行为，让他们继续无畏地坚持下去，哪怕他们知道自己被利用了，他们也拒绝清醒过来。因为他们会为了自己的傲慢，而跟自己"死磕"到底。

每个傲慢的人，最后都会低下头去。要么让别人不战而胜，要么被"朋友"背叛。

傲慢往往还会导致偏见，打不开格局。

格局大的人和格局小的人，最根本的区别在于：格局小的人，总是以偏见为依据得出结论，他们一听说某人是某个地方的人，就马上开始反感，一听说某人是某星座的人，就马上说这人性格怎么怎么样，非常喜欢用标签识人。格局大的人，总是能突破各种偏见，就事论事、就人论人。他们能根据一个人的细小表现去判断和认识这个人。这是一种深邃而精准的洞察力，不受任何偏见影响和限制。

歧视与偏见是一种很可怕的潜意识，它会诱使人将他人的所有言行都往不好的方向引导，使人看不到他人的真心，反而会觉得他人别有用心。甚至，它也是一种病态。这样的病态将使人的心智被蒙蔽，对人无法辨忠奸，对事无法辨是非。

而衡量一个人的格局大小，就看这个人突破各种偏见的能力强弱。

格局越大的人，越没有傲慢和偏见。他们往往把自己的姿态放得很低，懂得尊重别人。他们内心不自卑，所以不需要给自己制造优越感，更不会彰显自己的高贵；相反，他们更懂得"感同身受"和换位思考，尊重每一个上进的人，尊重每一分努力和不容易。

我认为尊重别人，可以分为三种境界。第一种境界：尊重身边人。第二种境界：尊重陌生人。第三种境界：尊重敌人。

尊重身边人是一种本分，尊重陌生人是一种美德，尊重敌人是一种大度。

当我们可以做到尊重敌人的时候，我们其实已经没有了敌人。这才是真正的无敌。

有时，你需要沉默

三个正常人被误送进了精神病医院，但是只有第三个人能够证明自己是正常的，前面两个都失败了……

原来前面两个人为了证明自己是正常的，说了很多知识，比如"地球是圆的""1+1=2"等，但是他们两个都没有成功，只有第三个人什么话也没说。该吃饭的时候吃饭，该睡觉的时候睡觉。当医护人员给他刮脸的时候，他会对他们说谢谢，结果医生就让他出院了。

一个普通的正常人，想证明自己很正常，是非常困难的。只有不试图证明自己正常的人，才是一个真正的正常人。

想想我们身边吧，那些用某种方式去证明自己真理在握的人，那些用某种方式证明自己知识丰富的人，那些用某种方式证明自己很有钱的人……其实在别人眼里，可能都是不正常的人，只是他们自己不知道罢了。

世人最难过的一关，就是总向别人自证。

我们每天都在竭力表达自己，用语言、艺术品、行为、肢体等。但是，当一句话被你表达出来时，已经不是你的本意了。所以，尽管我们如此拼尽全力去表达，却还是没有人能真正理解我们。

言多必失，人越描越黑，事越说越离谱。有人这样感慨：不管你多么单纯，遇到复杂的人，你做人就是有心计；不管你多么真诚，遇到怀疑你的人，你说的就是谎言；不管你多么专业，遇到什么都不懂的人，你就是无知。

过多的解释只会变成别人的笑谈。懂你的人不需要你说，不懂你的人不相信你说的。

大美不言说，大爱不言情，大恩不言谢。沉默，是最好的表达。

情商高，就是把情绪控制好

优秀的人控制情绪，失败的人被情绪控制。

脾气，人人都有，能拿出来不算什么，能让人看不到才是本事。

一

以前，很多人遇到矛盾通常会以暴力去解决，这时鲁莽、胆气、勇猛，都能帮你使上劲，让你在解决矛盾的时候占上风。但是现在，人们越来越需要心平气和、就事论事、客观冷静地解决问题，因为你稍一冲动，付出的代价，往往比矛盾本身造成的要大得多。

那种情绪随时冲上大脑的人，在当今社会是寸步难行的，不仅没有朋友，还会处处碰壁，最后窝一肚子火，气出病来都有可能。

所以在很多事情上，我们遇到的最大敌人，不是能力低，不是受制约，而是自己的坏情绪。

在很多事情上，我们是败给了自己的情绪。

在《危险人格识别》一书中，情绪不稳定被视为危险人格。

情绪不稳定的人，可能上一秒喜笑颜开，下一秒就会因某种微小细节的影响变得偏执暴躁。像多米诺骨牌，只需轻轻一推，瞬间就能引发连锁反应。这种人，能力再大也无济于事。

"怒"字怎么写？一个"奴"加一个"心"。当一个人发怒的时候，他就成了"心"的奴隶。他受制于自己的情绪，很容易被别人操控和利用，成为别人手里的一把刀。

二

人的情绪像水，不稳定的情绪是汹涌的波涛，会将人吞噬；稳定的情绪，像涓涓细流，能滋养万物。滴水虽柔，却可穿石。人若平和，定能春风化雨，穿山过河。能掌控自己情绪的人，心中往往藏有对世间的大爱。所以，人的优雅关键在于善于控制自己的情绪。

自信和大度的人，从来都是心平气和，淡定从容的。

看一下"恕"字是怎么写的，是一个"如"加一个"心"。善于宽恕，才能称心如意。恕人就是恕己。宽恕别人，也是在宽恕自己。

火点上的地方，必然留下灰烬。要想没有灰烬，唯一的方法就是不要点火。所以无论是一个团队的发展，一个公司的前途，还是一个家庭的幸福，都是从好好说话、恕人恕己开始的。

沃伦·巴菲特和比尔·盖茨曾经到华盛顿大学演讲，当学生们问及他们成功的秘诀时，巴菲特回答："这个问题非常简单，原因不在于智商，而在于性格、习惯和脾气。"比尔·盖茨则说："我认为沃伦的话完全正确，掌控情绪的能力决定人的健康，决定人能否成功和一生是否幸福。"

拿破仑有一句名言："能控制好自己情绪的人，比能拿下一座城池的将军更伟大。"

负面情绪涌上心头，需要疏导发泄。当怒火攻心时，立刻倒数十个数字再行动，你会淡定很多。控制情绪，确实是当今人很需要的能力之一。

请记住三点：急事，慢慢地说；大事，冷静地说；关键的事，挑重点说。

三

脾气对一个人的健康有多重要？《黄帝内经》早就说过，"百病生于气也"。

西方早期的医学著作里也有这样一句话：世上所有的病，都是免疫系统打了败仗。免疫系统由千千万万强壮的士兵组成，而指挥它们的将军，是情绪。当人处于不同情绪下时，人体所分泌的激素是完全不同的，比如当一个人处于开心状态的时候，人体分泌的激素是正常的，然而当人处于愤怒中的时候，身体分泌的激素就会有害，不仅会伤身体，也会造成器官的损害。

以下是人生气时各器官的变化：心脏血流增加，心肌严重缺氧，心律失常；肝脏比平时变大；肺泡不断扩张；肠胃功能紊乱；甲状腺会分泌过多激素；皮肤会长色斑；甚至脑血管压力倍增，让人眩晕；等等。

据统计，目前与情绪有关的病已达到二百多种，很多疾病都是由不良情绪引起的。经常有人因为情绪过于激动而导致血压过高，或者心脏病复发，最后不省人事。

人的情绪稳定了，身体就会安稳健康。

情绪的本质，其实是人体运转的一种投射。经常发脾气的人，他的身体运转机理一定有问题。这就好比有噪音的机器，往往都是因为某个零件出了问题一样。所以，经常出现不良情绪的人，要善于内观一下自己。

没有人能在痛苦和消极中成就事业。如果不能调整好心理状态，很多小问题都会被弄成大问题。

切记：控制住脾气的人，才能控制人生。当脾气来了，幸福就走了。

成为一个尊重对手的人

我们先看几对冤家的故事。北宋曾经有两个宰相，一个叫司马光，一个叫王安石。两人的主张相差十万八千里，一个是保守派，一个是改革派。

王安石掌握了实权，司马光就从宰相宝座上被赶了下来。这时，皇帝询问王安石对司马光的看法，王安石居然对他大加赞赏，称司马光为"国之栋梁"。

正因如此，虽然司马光失去了皇帝的信任，但是并没有因为大权旁落而陷入悲惨的境地。

后来，王安石因为强力推行改革，得罪了太多的人，皇帝只好将他免职，重新任命司马光为宰相。

这时很多人向皇帝告王安石的状。皇帝听信谗言，要治王安石的罪，去征求司马光的意见。

司马光非但没有落井下石，反而恳切地告诉皇帝：王安石疾恶如仇，胸怀坦荡，忠心耿耿，皇上不可听信谗言。

皇帝听完司马光对王安石的评价，说了一句话："卿等皆君子也。"

这就是：君子之争坦荡荡。

鲁迅和林语堂，两人经常互相指责，常常在报刊上争论。

但是这种指责、争论是对事不对人的，就像林语堂在《悼鲁迅》中所说："吾始终敬鲁迅；鲁迅顾我，我喜其相知，鲁迅弃我，我亦无悔。"

看完以上两则故事，我们来思考一个问题：君子和小人最大的不同是什么？君子风范是：只埋头做事和解决问题，不妄谈是非；对事不对人，就事论事。小人的特征是：不谈问题本身，却喜欢对人指手画脚；擅长针对人，善于人身攻击，却不思考如何解决问题。

君子是"和而不同"。即使我不同意你的观点，但是我绝对敬重你的人格，事情之外还是朋友。

小人则"同而不和"。表面上客客气气，实际上内心对你一万个不认同，而且瞅准时机暗地里对你使坏。这是非常卑劣的人格。

　　小人最狠的一招是什么呢？他们在攻击一个人之前，会想方设法地先给这个人头上扣上一顶帽子，给他贴标签，从人品上和道德上先将这个人全部否定，这样这个人所有的解释都是苍白的。

　　所以，宁可得罪君子，不与小人为伍。

　　送给大家三句话：远离小人，远离是非。只解决问题，不妄议他人。尊重每一个愿意解决问题的人，包括你的敌人。

第七章

洞悉本质

底层逻辑

人和人最大的不同，是底层逻辑的不同。

底层逻辑，决定了一个人的思维模型，决定了一个人的行为特点，决定了一个人的能力结构，甚至决定了一个人的命运。

那么，什么才是底层逻辑呢？

一

巴菲特说，要想彻底了解这个世界，有一个好办法：先把本领域的事情研究透，找出其中的底层逻辑，只要你能做到这一步，就很容易搞定其他领域的事。

底层逻辑就是事物运作的基本规律，就是老子说的"道"。

世界上每个领域都有自己的专业知识，这大千世界的知识浩如烟海，但是这些领域的底层逻辑都是相通的，事物越深挖，越往底层走越接近底层逻辑，而且越简单，因为底层逻辑就是规律。规律是不分行业的，它是一通百通的。

请记住，无论你在多么传统的行业，只要你能把本行业的底层逻辑搞懂了，就能看穿其他很多行业。知识和技能分领域，而规律和本质是不分领域的。

一旦掌握了事物的底层逻辑，就可以由一滴水而看到整个大海，由一棵树而看到整个森林，由一粒沙子而看到整个沙漠。一旦你拥有了这种能力，就可以看穿各种事物的本质，可以在各个领域间自由穿梭。

巴菲特这句话的意思是，如果你依然还参不透世界，那是因为你对自己的领域悟得还不够透。只要你能挖掘到本领域的底层逻辑，你就可以窥见世界的真相。

二

一个人掌握底层逻辑的表现，就是思维模式变得开放和健康。

有句话说，没有深度思考，所有的努力都是无效的。

同样的逻辑，没有健康的思维模式，所有的深度思考都是无效的。

最健康的思维模式，就是四个字——辩证思考。

什么是辩证思考呢？来看下面这个图：

《周易》说："一阴一阳之谓道。"

真正的高手，其思维模式都像这幅太极图一样，这其中的一阴一阳指的是：他们非常善于抓住事物的两大矛盾，同时又能找到这两大矛盾的对立和统一的关系。举几个例子：

什么叫爱？

就是用对方需要的方式表达你的好，而不是用自认为好的方式强加于人。

什么叫沟通？

就是用对方的语言讲述你的道理，而不是用自己的语言讲述自己的道理。

什么叫辩论？

就是用对方的逻辑证明你的观点，而不是用自己的逻辑证明自己的观点。

什么叫好感？

就是让别人觉得他在你眼中有多么优秀，而不是自己证明自己有多优秀。

什么叫理解？

就是用对方的立场看待自己的观点，而不是站在自己的立场强调自我感受。

真正的高手，任何时候都善于洞察对方，比如对方的需要，对方的语言，对方的逻辑，对方的感受，对方的优秀，对方的立场，等等。

把"自己的价值"和"对方的需要"结合在一起，把"自己的道理"和"对方的语言"结合在一起，把"自己的观点"和"对方的逻辑"结合在一起，就是阴与阳的结合，就符合辩证法。

而如果我们生硬地把两个阳或者两个阴放在一起，就不叫辩证思考了。比如你跟人沟通的时候，只站在你的立场说自己的道理，这叫自顾自说；在社交的时候，拼命证明自己多么优秀，只能引起别人的戒备……这就没有了阴和阳的对立和统一。孤阴不生，孤阳不长，这不叫辩证思考。

世界上所有的事物都处于阴与阳的不断转化中，中国人最了不起的地方，就是学会了辩证思考。比如"否极泰来，苦尽甘来"，"居安思危，居危思安"，"福兮祸之所倚，祸兮福之所伏"，"塞翁失马，焉知福祸"，等等。

三

底层逻辑强大的表现，就是不再被知识束缚，可以超越知识。

我们一定要记住一句话："获取知识的能力，远比知识本身更重要。"

李小龙在练习截拳道时有这样的感悟："所学到的东西，也就意味着失去的东西。你所掌握的知识和技巧，都应该被遗忘。学习很重要，但不要成为其奴隶。不要试图依靠外在的东西和技巧，只有消除了对知识和技能的依赖性，你才可能成为知识和技能的主人，才能保持最佳的身心状态——虚空，流动。"

帮助一个人最好的方式，就是打开他的思维枷锁，帮他突破他的认知"监牢"，给他启示，帮他找到答案，而不是直接告诉他答案。授人以鱼，不如授人以渔。直接给对方答案，相当于剥夺了对方思考的权利。一个人如果习惯于找别人要答案，而不是自己思考答案，久而久之，就会成为一个不会思考的人。

平庸的课堂，是老师不断地给学生提供答案，让学生不用思考。优秀的课堂，是老师不断地问学生问题，让学生思考，给出答案，从而锻炼学生的独立思考能力。

方法是认知提升到一定阶段自己悟出来的，是靠实践逐渐摸索出来的。无论多么高明的老师或者成功人士，他们最多只能给你一个启示，真正的方法必须靠你自己去悟。

我们要努力掌握更多知识和技能，但最终我们应该洞察它们的本质，而不是执着于知识和技能本身，即不要执着于各种表象，而是要掌握住本质和规律，也就是那个"道"。

抓住底层规律，一切表象在你面前就像梦幻泡影。你对万事万物一目了然，洞若观火。

让你的思维进阶

如果理解了思维的八种境界，你的思维会有很大的提升，因为你可以在短时间内得到答案。

第一层境界：形成主见

并不是每个人都有自己的主见。很多人遇到问题总是被别人带着走，人云亦云。

主见是一个人的独立思考能力，它来自在经验、学识基础上形成的逻辑判断能力。哪怕是一个人的偏见，依然是他的主见。

有主见的人，做事果敢，不犹豫。这是当今社会必备的素质。

第二层境界：发现不同

正是因为有主见，才容易发现和自己主见不同的人。发现不同才能发现矛盾，有了矛盾才能推动事物的发展。善于发现和自己不同意见的人，才容易纠正自己的偏见和不足。那些能够接纳和自己不同意见的人，已经值得称赞了。

第三层境界：取长补短

明白自己的主见，又发现和自己主见不同的人，接下来该怎么办？有的人会排斥，而有的人却开始学别人的长处，在学习过程中又发现了自己的短处，于是顺势补上，这就是取长补短。

这看起来好像并不难，但是每个人都有一种对自己的天然认同感，人们并不是太容易发自内心地去改变自己。

当年的北魏孝文帝推行汉文化，主动穿汉服说汉话，迁都中原，甚至改姓，鼓励通婚，这是一件多么了不起的事情，正是因为有了这样大格局的人，中华文化才一脉相承。

第四层境界：创造创新

既然懂得了取长补短的道理，接下来就是创造性运用了。我们经常提的创新，其实就是这一层思维的任务。在传统与创新、内在与外来、保守与改革的激荡碰撞中，往往会诞生新的事物。凡是能够尊重不同事物，并且大胆改变自己的人，一定会出创造性的成果。

思维能到这一层，已经算是人才了。

第五层境界：化繁为简

当你善于运用创造性思维的时候，你会发现万变不离其宗。大道至简，事物总是先从简单到复杂，再从复杂到简单。这时你看山还是山，看水还是水，但心境已经截然不同。

再回到简单之后，你就参透了事物的本质。这时你再面对其他复杂而沉重的事物时，也往往都是举重若轻的。将复杂的事简单化，将简单化的事模式化，将模式化的事系统化，你将跳出人间各种琐事。

第六层境界：方法论

到了这一层，你已经不只关注道理和逻辑了。

所有的事情摆在你面前，你都能拿出最快、最好的解决方法，这就叫方法论。

从"道理"升级到"方法"，是理论的大升级。

一切道理到最后都是对现实问题的解决。能不能做到这一步跨越，是检验一个人是实干型人才还是理论型人才的关键，毕竟现在实干家真的不多。

第七层境界：一览众山小

到了这一层，你看到的风景已截然不同。什么实干不实干，理论不理论，那都是世人给自己设的限。你拥有了直达本质的能力：一眼看透利弊，瞬间洞察人性，规律大势一目了然。

第八层境界：晶莹通透

到了这一层，你已经不想再说一句多余的话，别人的高谈阔论在你眼里都不算什么，因为你可以洞察他们的心理，你无暇炫耀，也没闲心听人去说。

与此同时，世间所有事在你心中都非常透彻。你对事物的感知越来越精准，因为看透了规律和大势，所以你心如止水，知道该来的都会来，该走的都会走。你看透了得失相生、福祸相依，面对世间大小事不过开怀一笑。

我们都如此渴望人生的精彩，到最后终于发现，最完美的人生结局，竟是内心的淡定和从容。世界的浮华已经和你无关，你成了一个晶莹通透的人。

让思维更兼容

在古希腊神话里，人类原本是男女同体的，由于神灵的惩罚，人类才被分成了两性。

于是这个世界被两种力量统辖着，一种是男性的阳刚，一种是女性的阴柔。而社会上也统分为两种思维，一种是男性思维，另一种是女性思维。

男性思维是人在低安全感（应激状态）时下意识会采用的思维方式，那是因为男人的生活多处于这种状态；女性思维是人在高安全感（自然状态）时下意识会采用的思维方式，那是因为女人的生活多处于这种状态。但是，当女人处于应激状态的时候，她们也会使用男性思维，比如职场上咄咄逼人的女性。同样，当男人处于自然状态的时候他也会使用女性思维，比如酒桌上喋喋不休的男人。

作为适合应激状态的男性思维，其语言模式具有如下特征：抽象概括、做出评价、解决问题、探求动机、预测未来、建立因果、推理总结、防御否定、目的优先、结果导向、以客观为标准。

作为适合自然状态的女性思维，其语言模式具有如下特征：具体细致、表达感受、描述问题、关注过去、对照眼前、罗列现象、就事论事、开放肯定、忘却目的、活在当下、以自我为标准。

但是这两种思维并不是对立不可调和的，比如在没有冲突（或者灵感）的时候，应使用女性思维，这样至少可以气氛友好；而在有冲突（或者灵感）的时候，应使用男性思维，这样才能确保优势。因此，男性思维适合解决问题和矛盾，女性思维适合处理人际关系。

仔细观察，你会发现那些厉害的人往往都能在两种思维方式之间切换自如。

大部分人相信坚毅和理性是男性的特质，而敏感和爱好和平是女性的特质，然而现实中很多优秀的人都是"雌雄同体"——他们兼具这些特质。

而一个非常世俗的矛盾是：当大众发现某个人同时拥有了

这些品质时，就会无法接受，甚至觉得这个人与社会格格不入。比如，"这个女人真豪爽"或者"这个男人太细腻"。

这种只从生理角度把人粗暴地分为男人和女人的思维，是很低级的思维方式，从而引发了很多矛盾和冲突。

很多美好的品质，并非是男人或女人独有的。

每个人都应该像女人一样爱自己，温柔地对待生活；同时又要像男人一样面对这个世界，坚忍地应对生活。

男人吸引女人，往往是阳刚附带的温柔和细心。女人迷倒男人，往往是温柔之外的独立和坚强。所以爱情发展到极致，必是"雌雄同体"。

最优秀的男女都是"雌雄同体"的，既富有本性别的鲜明特征，又巧妙地糅进了另一性别的优点。大自然仿佛要通过他们来显示自己的最高目的———阴与阳的统一。他们用更加全面系统的角度来看待这个世界，然后变得越来越平和。

"高手性非异也，自成阴阳。""心有猛虎，细嗅蔷薇。""静如处子，动如脱兔。"能在男性思维和女性思维之间自如切换的人，自然能集男人优势和女人优势于一身，日趋圆满。

能力决定品位

如今，很多人都有着很多的痛苦：眼界和品位越来越高，能力和实力却徘徊不前，于是各种错位和纠结便产生了。

仔细想想，在我们周围总能遇到这样的人：他们的眼界很高、品位很高，非常明白自己喜欢什么、向往什么，谈论起这些事来手舞足蹈，对各种新鲜事物评头论足，但是一回到现实里，就好像一朵白云撞在地上，落差感太大了……

一个人的品位，是由他所在的"圈子"和环境决定的。如今信息传播越来越快，各种事物在人面前穿梭往来，让人眼花缭乱。于是人开始竭力把自己挂靠在富丽堂皇的东西上，以显示自己的卓越和不同。而在互相攀比之下，人的品位被拔得越来越高，甚至"高耸入云"。

　　而一个人的能力，主要是由他的内在因素形成的，既包括与生俱来的部分，也包括后天努力的部分，总之这取决于自身。

　　当一个人的能力配不上自己的品位的时候，他会认为知己难求，觉得自己怀才不遇，于是孤芳自赏，然后郁郁寡欢，甚至觉得非常痛苦，但又无力改变这种现状。

　　如今，人口流动越来越通畅，不同地区、不同出身、不同学历、不同身份的人被糅合到了一起，人们有太多机会跨越到另一个地区了。有些人接触的人和事的层次比较高，眼界和品位获得了质的提升，但却陷入了眼高手低的困境中。他们特别善于欣赏和指点别人，但不善于自我剖析和提升，他们很清楚自己要向世界索取什么，却没有想过要为世界创造什么。

　　一个人的品位想获得提升，真的很容易。只要把他放在某个"高端"的环境里，熏陶一两年，他的欣赏水平和眼界很快就能提升上去了。而一个人的能力要想获得提升，外界环境只能起辅助的作用。他必须认清现实，并且力求改变现实，这需要决心、耐性和行动力。

　　品位近似于人的梦想，而能力决定了人改变现实的界限。所谓梦想很丰满，现实很骨感，很多时候都是因为人的能力跟品位差距太大了。

况且，很多人的梦想也称不上是真正的梦想，只是一种欲望而已。所有脱离了能力的梦想，都只能是一种欲望。最悲哀的是，有时人们标榜的品位不一定是自己的，很可能都是在追求和模仿别人，然后强加于自己。品位成了一种标榜自己的工具。

这个世界设定了很多规则，让人的品位在天上飞，能力在地上跑。比如在现代金融制度下，人可以提前消费，没钱可以借钱，房子可以分期，开公司可以贷款，创业可以融资，搞项目可以众筹……似乎眼前摆满了钱，让人们去花，于是人们提前住上了豪宅、开上了豪车、当上了金领，过上了土豪一般的生活。

这让很多人忘乎所以，以为美好的生活可以轻而易举地到手，但如果不能认识到其中的问题，不去脚踏实地地奋斗，他们很快就会面临困境。

把你花在想入非非上的时间，抽出来用在脚踏实地的努力上，给自己做一个定位，看看自己究竟可以做些什么有价值的事。所有的改变一定是从改变自己开始的。

当发现自己想要什么、需要什么的时候，考虑的第一件事应该是：我该做什么事，才能实现这个目标。

那些品位越高的人，最典型的表现是要求越来越高。而那些能力越高的人，最典型的表现是责任心越来越强。

　　我们总是把大部分精力都花在了向往上，很少考虑如何提高自己改变世界的能力。但推动这个世界进步的不是品位，而是能力。

　　最后再打一个比方：能力是土壤，品位是盛开在上面的花朵。想让花儿开得更鲜艳，最好的方式就是给土壤施肥或者浇水。

学会断点思维，应对世事变化

计划写得再漂亮，遇到环境变动便失去意义，有没有实时应变的能力才是重点。

以前的世界变化没这么快，所以我们做事一般采用"线性思维"，即一切都是连续性的、可预测的，所以只要做好一切规划和打算，就能打有准备之仗。

而当今世界的变化越来越快，越来越多的事情都是突变的、不可预测的，机会的存留时间、企业的寿命、产品的生命周期、争夺的时间窗口都在以前所未有的速度缩短。

于是我们就不得不采用一种"断点思维"，它和"线性思维"的逻辑区别很大。

所谓断点思维，就是牢牢坚守一个"点"，这个点可以是核心竞争力、核心价值观等，总之是一种价值聚焦，然后以不变应万变。

有时候最好的准备就是没有准备，因为准备的成本太高，而且大部分时候都是无用的。

《孙子兵法》里说："故兵无常势，水无常形，能因敌变化而取胜者，谓之神。"

计划永远赶不上变化，所以善于做计划的人，永远比不过善于应对变化的人，即：进化大于计划。

世界唯一不变的就是变化，能够根据外界变化而适时调整的人，才是真正的强者。

未来的事情更多都是偶发性的，是不可预测的，是呈现断点式发展的，而不是线性的。

未来，"意识"比"经验"要重要得多，意识是一个人的知识、阅历等各种因素聚合形成的一种感知能力，它能面对各种突发事件做出当下最正确的决定。

第八章

取胜未来

如何才能摆脱平庸

人生在世，有两种痛苦：

第一种叫生活的苦，是世俗琐事，是奔波操劳，是冷嘲热讽，是被"收割"。

第二种叫成长的苦，是主动改变，是寒窗苦读，是埋头奋斗，是孤独。

生活的苦和成长的苦，你总得选择一样。

如果你能接纳成长的苦，就可以避免生活的苦。

否则，你就会在生活的苦里不断轮回。

一

我们身边有很多这样的人，他们日复一日，年复一年做着同样的事，看似很努力，却始终在原地踏步，没有任何成长。

其实这不叫努力，这叫重复劳动。

曾经有一个一万小时定律——即只要经过一万小时的锤炼，任何人都能从新手变成高手。

然而有些人，在同一岗位上工作早已超过一万小时，最后的结果无非就是动作更熟练一点，但并没有成为工作上的高手、生活上的强者，因为他们的"努力"只不过是低水平的重复而已。

人生成长进步的关键在于四个字——刻意练习。

重复劳动，是将时间和精力投在同样的行为中，并且顺应了人性上的懒惰和安逸，让人越来越钝化，不需要思考，只是机械地重复某种单一的行为。

刻意练习，是先找到正确的改变方向，然后抑制自己的懒惰天性，按照设置好的路径，争取做到每一次都有突破，每一次都强迫自己做最应该做的事，并最终适应这种状态。

这就是积小胜为大胜，更是积跬步以至千里。

刻意练习的关键在于要走出舒适区。

心理学家把人的知识和技能分成三个区：舒适区、学习区、恐慌区。

在最内层的舒适区，你对一切都驾轻就熟，一切举手可得。

在中间层的学习区，你会感到不自在，因为你面对的都是新事物。

在最外层的恐慌区，你会一直恐惧，因为你面对的都是远超你能力范围的人和事。

高手有一个特点，就是喜欢主动走向恐慌区，大胆面对未知和挑战，不断迫使自己走向更高层次，这就是刻意练习。

记住一句话："高手从不去做喜欢的事，而是去做最应该做的事。"

当然，这些应该做的事，往往是我们不喜欢的。但是，让你痛苦的人，往往是你的贵人；让你痛苦的生活，往往是你需要提升自我能力的动力。

越舒服，越没有挑战的事情，往往越危险。如果你现在处于这种状态，那你就要警惕了。

二

人做事有三种境界：

第一种境界：为了生活，做了很多不喜欢的事；

第二种境界：有了财富，只去做那些喜欢的事；

第三种境界：为了进步，主动去做不喜欢的事。

对于第三种境界，很多人说："这不是自讨苦吃吗？"

没错，刻意练习的核心就在于主动找苦吃。

吃什么苦？吃改变的苦，吃恐慌的苦，吃不喜欢还要面对的苦。

这种苦，可以称为成长的苦。

这就是人生。你要么吃生活的苦，要么吃成长的苦。

为什么大多数人宁愿吃生活的苦，也不愿吃成长的苦？

首先，成长的苦需要主动去吃，生活的苦却不一样，你躺着不动，它自己就来了。

其次，生活的苦可以被疲劳麻痹，被娱乐转移，最终习以为常，我们称之为钝化。

而成长的苦在于，你始终要对变化保持敏锐的触感，保持清醒的头脑，这不妨叫锐化。

人性使然，很多人选择吃生活的苦，而避开成长的苦，于是最后变得麻木不仁。

生活的苦使人麻痹，唯有学习的苦让人清醒并提升。不选择主动吃成长的苦，就会一辈子吃生活的苦。

三

随着科技的发展和享乐主义的盛行，人们越来越不愿意面对"苦"了。所有的东西都可以送到你家门口，所有的服务都可以直接上门。

如今人们享福太容易了。吃饭有外卖，购物有网店，这不就是饭来张口，衣来伸手吗？

人们生活水平越来越高，各种欲望被填满，想尝试吃苦？不太容易了！

的确，吃苦正在变成一件奢侈的事情。

在物质匮乏的时代，穷和苦是连在一起的，很多人都得吃苦。而现在，社会已经有足够能力"圈养"人了，即便是普通人也不需要吃太多的苦了。

现在，吃苦大多不再和物质有关，而是和精神有关。吃苦的本质是收敛自己的各种欲望，长时间为了一件事而聚焦和专注，并且放弃娱乐，放弃虚荣，放弃享受，以及在这个过程中忍受不被理解和孤独。它要求的是自制和自律的能力，是延长耐性和深度思考的能力，这些都是精神上的苦。

看看我们身边吧，各种短视频、娱乐节目、游戏等等，让大家沉浸在各种浅层的刺激里，这一个个碎片化的冲击让很多人上瘾，沉溺其中不可自拔。

对人来说，一个是眼前唾手可得的欢愉和快感，一个是需要用痛苦磨炼自己的精进过程。而有人选择躺在底层的舒适区里麻醉自己，也就不难理解了，但这样也就永远无法摆脱平庸了。

为什么选择比努力还重要

人生活在这个日新月异的大时代里，要想成功，机遇和天时有时比能力更重要。就好像一艘船在波涛汹涌的海上航行，善于判断浪头的方向和速度，远比知道如何滑动船桨要重要。因为只有在风平浪静的时候，研究如何划动船桨才更有意义。

比如现在流行的电动车，早在1881年就被发明出来了，这比卡尔·本茨的三轮汽油车还要早五年。但直到一百多年后的今天，特斯拉的出现，才让人们对电动车燃起热情。人们把特斯拉的发明人马斯克奉为英雄，却对一百多年前发明电动车的人一无所知。

一个人的命运，要靠天分，要靠奋斗，但更重要的是要考虑自己所处的历史进程。因为世界的变化越来越快，在时代浪潮里，一个人的努力和天分当然很重要，然而和大势比，却微不足道。只有踩到了浪潮之巅的人，才能乘风破浪。

1890年的一天，三十七岁的凡·高自己开枪击中了腹部。与此同时，在世界的另一个角落，一个九岁的小男孩——毕加索，正偷偷欣赏教室窗外的美景。若干年后，他们都被人奉为巨匠。然而两人的命运却大不相同。

凡·高生前穷困潦倒，过着十足的贫贱生活：虽然一生画了九百多幅油画，但有生之年只卖出过一幅，收入是四百法郎……几个月后，凡·高自杀了。凡·高是穷死的。

毕加索的人生却灿烂辉煌。他是美术界少见的老寿星，活到了九十一岁。毕加索辞世后留下了七万多幅画作，还有很多豪宅和巨额现金，总遗产约三百九十五亿元，是美术史上最有钱的画家。

身处同一个时代，都才华横溢，职业都是画家，为什么两者的命运有天壤之别？

凡·高的画卖不出去，最大的原因是他的作品不属于那个时代。

19世纪中叶，大多数画匠都出自皇家美术学院，他们有着深厚的素描基础，并且精通人体解剖，画风严谨细腻，刚富起来的精英阶层喜欢附庸风雅，所以对这些作品很追捧。而凡·高的作品，画风怪异，不讲究细腻和细节，更多的是精神世界的绽放，这种风格在当时的人看来是无法理解的。

凡·高死后，艺术流派才开始多元化，大众逐渐开始欣赏美术中叛逆的风格。

凡·高不够努力吗？不够有才华吗？都不是，他只是过于沉溺在自己的世界里。不仅是凡·高，那些和他一样的后印象派画家，都是在去世很久后才得到社会的承认的。

同凡·高相比，毕加索显得更"识时务"。他非常有商业头脑，在19世纪，西方的金融体系还不够完善时，毕加索已经学会了利用信用创造财富，他当时即使购买小件的生活用品也喜欢用支票付款。

为什么？我们可以假设一下，当毕加索变得声名显赫以后，如果他用支票购物，得到支票的店主会怎样处理那张支票呢？情况大概率会是，与其拿着这张支票去银行兑换小额现金，倒不如赶紧把这张有着毕加索亲笔签名的支票当作艺术品，装裱收藏起来，等待升值后再卖出去。毕加索意识到这一点，于是常用支票去结账。

毕加索是一个很能认清自己所处时代的人，他印证了中国的一句话：识时务者为俊杰。

成功有三大因素：天时、地利、人和。

天时，是指你能否借助时代的力量。

地利，是指你是否居住在财富之地。

人和，是指你是否有自己的团队。

我相信，在人类的历史长河中，一定会有很多人像凡·高一样，不懈努力，盼望开山立派。但是和自己的天分、努力相比，认清自己所处的历史进程并做出正确的选择，往往更重要。

感性大于理性

近年来，人工智能不断地在各个领域取代人类的工作，面对人工智能的各种挑战，很多人举目四望，感到一片茫然。

从现在开始，人类和机器必须分道扬镳。人类负责思考，机器负责运算和执行。

如果人类依然还是按照机器的性质去发展，到最后就会形成"人"和"机器"的竞争。很显然，如果跟机器比逻辑和运算，人类很快就会败下阵来。在未来，人和机器必然是世上两种性质不同但能力相当的物种。这两种物种要想并存，就要有差异。

工业时代，人的理性被充分激发，那些逻辑思维能力强的人，总是能成为单位里重要的人。而人的感性被不自觉地掩藏，因为它总是成为一种累赘。而在未来，在机器人高智商的对比下，人类情感的珍贵性开始凸显。

机器人超越我们的，是运算层面，而人的理解、同情心、共鸣性等软实力，是机器无法取代的。我们需要激发大脑的这些潜能，才能继续做地球的主人。

未来社会的创新和进步将越来越多地来自人的感性思考，而不会来自一行行机械的代码。这种感性的创新会更加柔软并富有灵性，也只有这种创新才能让机器和设备依附于人类。

未来的社会风尚容易由那些具有人文关怀的人去引领，这些人包括艺术家、发明家、设计师、小说家、护理员、咨询师等，他们将会获得最大的社会回报，并享受到极大的快乐。我们必须在优秀的高科技能力之外，培养符合高感性和高体会的工作能力。

世界价值创造历程可以分为三个阶段。

第一阶段，是19世纪的工业时代，主角是工厂工人；第二阶段，是20世纪的互联网时代，主角是知识工作者；第三阶段，就是当前开始的智能时代，主角是创作者。

未来的世界，属于那些能够将各种知识系统化、智慧化，甚至艺术化的人，他们属于高感性群体——有创造力、同理心，能观察世界发展趋势，为各种事物赋予意义。

　　我们正从一个讲求逻辑与计算效能的信息时代，转向一个重视创新、同理心与整合力的感性时代。未来，我们全都属于艺术产业。

　　人们从单纯的物质世界获取满足的时代已经过去，未来我们必须在精神世界寻找满足。未来会有越来越多的人挣脱营生桎梏，去追求更深层次的生命寄托。

不要总分对错，但要讲分寸

中国人懂得"是中有非，非中有是"的道理。所以，如果单纯用"对"和"错"去判断事情，总是会有失偏颇。西方社会往往把一切事情都对立起来：要么是对，要么是错。而中国是一生二、二生三、三生万物，因为我们有了一个三，所以很多事物不是对立的，而是并存的。因此，西方人做事总是求个对错，而中国人做事求的是分寸。

事情并没有绝对的对或者错。那么，既然不讲对错，我们讲什么？中国人讲的是一个"度"。

万事须讲"度"，浅尝辄止、隔靴搔痒，意思是程度太浅，无法使事物发生根本改变。但是"物极必反""乐极生悲""否极泰来"又在教导我们，凡事过了那个度，就会朝对立的方向发展。所以才有了急流勇退、凡事只求八分圆满的说法。

这个"度"其实就是"分寸"，也是人生当中最难把握的。它是人生最重要的艺术，能让人把握命运。

有的人之所以能成功，能一路顺风顺水，并不仅仅在于他们多么聪明、勤奋，而是在于他们对人性的洞察，他们懂得什么叫恰如其分，懂得见好就收的道理。一句话，他们能够把握住分寸。恰如其分是做事的最高境界，而不是非要做到绝对的"正确"。

有人曾以吵架为例来说明这件事。西方人吵架，对错会分得很清楚。中国人要是吵架了，是不能分谁对谁错的。比如两兄弟吵架，要是被分了对和错，结果是明朗了，但是兄弟两人的心也散了。

即便是分了对错，你赢了，又有什么意义呢？各自反省，互相道歉，这是处理对错的最好方式。夫妻之间，兄弟之间，同事之间，同学之间，如果一定要分谁对谁错，分到最后会离心离德。

即便你有理，即便你是对的，即便你有功，你依然不能得理不饶人，你必须时刻检讨自己还有哪里不足。人无完人嘛。你应该看看自己该如何进步，甚至要让对方能和你一起进步，这才是大格局。

真正受欢迎的是懂得分寸的人，而不是一心做对事的人。

有很多人认为自己做的是对的，然后对人寸步不让，一副有理走遍天下的态度，咄咄逼人。但是到了最后，往往杀敌一千自损八百。这是一种双输，只不过看双方哪一个输得更惨而已。

还有很多人，有了一点成绩就沾沾自喜，把功劳都归给自己，把错误都推到别人头上，让周围的人很不愉快。这种人很容易遭到别人的嫉恨和算计。

如果不懂得分寸，总认为自己是对的，不肯让人半分，会很容易被周围人孤立。我们生活里经常见到这种人，他们不依不饶，不肯放下身姿，非要分出个是非对错，到最后亲人也能成陌生人，甚至成了仇人。

如果为了对错而较量，结局一定是双方都输，只是看谁输得更惨而已。

我奉劝大家，得理也要饶人，理直也要气和。

有人喜欢把这句话挂在嘴边："我这人就是性子直，有什么就说什么，你别介意啊！"然后开始口无遮拦，当着众人的面滔滔不绝地论述起来。

但性子直和不懂得分寸完全是两码事。不懂得分寸的人很容易让别人下不来台，虽然别人表面上不说，但是内心对你已有了芥蒂。

再好的建议也要适可而止，要懂得旁敲侧击，或者迂回地表达，要让对方发自内心地接纳，而不只是表面上应付点头。

恰如其分，花好月圆。和谐圆满，才是我们追求的极致！

把长处发挥到极致就是竞争力

以前我们总是竭尽所能地弥补自己的短板，即便没有特别明显的长处，也可以四平八稳地发展。但今后却要求我们越"精"越好。

未来我们一定要充分地发挥自己的长处。如果你依然是一个四平八稳的人，很抱歉，你可能会遭遇到各种困境。

以前太注重竞争了，这种竞争让组织、个人都被孤立起来，然后形成不好的内循环。所以从现在开始，我们必须完善自身的系统。

很多人都知道"木桶定律"，即一只水桶能装多少水取决于它最短的那块木板，这也被称为"短板效应"。放到一个组织里，成员的能力是优劣不齐的，而劣势部分往往决定整个组织的水平。放在一个人身上，人的各种能力也是参差不齐的，而最弱势的部分往往决定了一个人的成就。这就提醒我们要不断发现自己的短处，并弥补它。

互联网时代更注重协作。在信息高效对接的帮助之下，人与人的协作效率越来越高，而合作的成本也越来越低。此时无论是人还是组织，都必须抛弃原来的"内循环"，主动参与到互联网构建的"大循环"里来。

所以表面上，人的独立性越来越强，甚至每一个人都是一个独立的经济体，但是由于这个"大循环"的存在，我们这个社会依然处于"大生产"状态。

在这个"大生产"里，你贡献的是你的长处，而你的短处可以隐藏起来。大家各尽其才、各取所需，让你的短处没有"用武之地"，让你的长处尽情展现光辉，这才是最理想的结果！互联网时代正在朝这个方向努力。

互联网时代的企业，遵守的应该是"长板原理"，即：当你把桶倾斜，你会发现一只桶能装的水量决定于桶的长板（核心竞争力）。

在个体崛起的时代，你只需要有一块足够长的板，再配合一个管理者，就可以有立足之地。然后围绕这块长板展开布局，扬长避短，通过合作、购买、共享、入股的方式，把合作者的长处变为你的长处。

随着崛起的个体越来越多，行业开始越来越细分，人的分工也越来越精细。我们只需专注自己擅长的某一领域，其他方面自然会有人来协助。

当然这需要很强的合作精神。互联网时代的商业就很讲究协作，这一点跟以往截然不同。

伟大的公司之所以伟大，不是因为它们把什么都做好了，而是因为把某一方面做到了极致。

当大家都发挥了自己的长处时，那么你的长处就决定了你在大众中的层次，它也代表了你的事业高度。

我们最需要避免的情况是"性情大于才情，情商大于智商"。即：你虽然有些小的长处，但是更善于逢迎和伪装，那么与你合作的成本太大，没有人愿意付出这种代价。

也可以这样理解：之前"情商"更重要，而未来"智商"更重要。今后我们只需要做好自己就可以了，经营好自己就是对社会最好的负责。

千万不要再随波逐流了。竭力发现自己的长处吧！弥补自己的短处是一件很痛苦的事，很多人忙碌一生依然没有活出个所以然来。寻找长处，应该从兴趣开始找起。衡量的标准就是看你是否开心。发挥自己的长处，不仅自己会感到快乐，创造的社会价值也会更大。

以前我们活得太匆忙，根本没有机会去问自己：你做的事究竟是不是你的兴趣所在？而有的人即使发现了自己的兴趣所在，但是迫于现实压力，依然还得埋头苦干。

今后兴趣才是你能量的源泉，它决定了你的职场定位。那么短处存在的价值是什么呢？短处可以让我们有自知之明，让我们更加深刻地认识自己。

知人者智，自知者明。人最大的敌人是自己。

往往当你发现一个人做什么事都行时，其实是他做什么都不行。当你发现一个人做什么事都不行时，其实总有一方面其他人比不上他，只是你还没有发现而已。

要重视"砍柴"，更要重视"磨刀"

一

我这几年有个发现，那些取得成就的人，在我们这些普通人眼里，活得就像一个闲人。

怎么个闲法呢？生活节奏慢，说话节奏慢，思考周期慢，平日里什么也不做，看上去游手好闲，也不知道整天在做些什么。

他们的精力花在哪里呢？

都花在一件事上，那就是思考什么才是最正确的事。

这个思考过程很漫长，有时是三个月，有时是一年，乃至两年，但是只要想清楚了，就可以悠闲度日了。

还有一个现象：真正的投资，都不是让你每天睡不着觉的投资，而是让你最省心的投资。

如果一个投资，你每天都要操心，那么这项投资十有八九要泡汤。

所以，不管是在投资上，还是在其他方面取得成就的人，都特别有耐心。

他们在大多数的时间里都安安静静地待在那里，而一旦找到那个最正确的事，绝不会犹豫，会立刻行动。

所以，如果我们想取得大的成就，就得静下心来问问自己，能不能像个"闲人"那样去思考和行动。

二

再举个例子，如果奋斗是一个砍柴的过程，取得成就的人和普通人的根本区别是什么呢？

取得成就的人花大部分的精力去磨刀，然后只需要花很少的精力去砍柴。他们要么不出手，一出手就砍倒一大片。

而普通人却把精力都用在了砍柴上，他们拿着一把钝刀，每天都只盯着眼前的木头，却从来不想去磨刀，那再怎么拼命砍柴，成果都是有限的。

人最愚蠢的行为，莫过于总是企图用行为上的勤快，来弥补大脑上的懒惰；总是企图用战术上的勤奋，去掩盖战略上的懒惰。

爱因斯坦说过这么一段话："如果给我一个小时解答一道决定我生死的问题，我会花五十五分钟来弄清楚这道题到底是在问什么。一旦清楚了它到底在问什么，剩下的五分钟足够回答这个问题。"

这就是磨刀不误砍柴工。

农耕社会，行动上的勤快确实可以补拙，行动上的大胆可远胜过一切；但当社会越来越成熟以后，大脑的勤快才能压倒一切，大脑的成熟才能决定一切。

行为上的勤快，是将时间和精力投入在低收益环节中，而大脑的勤快则是将时间和精力投入在高收益的环节中。

三

不同层次的人，实现目标的方式大不相同。

普通人做事，是把事做对，即做事的结果必须符合目标和预期。他们密切地关注每一个执行细节，时刻关注事情本身的进度，要的是效能。这是战术问题。

而厉害的人做事，是做对的事，是指必须时刻确定哪些才是对的事。而要做出对的决策，需要时刻把握核心问题。这是战略问题。

　　显然，如果想取得大成就，必须升级自己做事的维度。无论是什么事，都要先去"抓住对的事"，做好战略布局，这个往往依靠我们的判断力和决策力，我们经常说的选择比努力重要，其实就是指要时刻把"做对的事"放在第一位。

　　做事也有一个80/20法则，即现实中80%的问题（困难），是由20%的主要矛盾带来的，我们必须集中自己80%的精力，去应对这20%的主要矛盾。

　　我们应该把80%的精力用在做对的事上。事情要么不去做，如果做了就要做到极致。切忌面面俱到、大而全的做事方式。什么事都在干，往往什么都干不好。

　　真正有价值的事情就那么一两件，大多数人的不成功，是因为他们自始至终没有找到自己做事的焦点，即找到那个属于自己的20%。

　　芒格说过一句话："我们不需要新的思想，我们只需要正确的重复。"

　　什么是正确的重复？就是选对事，不断地用效果做叠加，不断地用时间做杠杆。

　　如果没有思考的配合，所有的努力都只能叫重复劳动，你永远都是在原地踏步。

　　很多团队倡导"没有功劳也有苦劳"的文化。这种文化就是在鼓励大家用行为上的勤快去弥补大脑的懒惰，于是很多人都成了不深度思考且勤奋刻苦的人，"我虽然能力不够强，但是我在用时间来弥补啊"。

这种文化一旦在公司里弥散开来，公司将会成为一个忙忙碌碌却又效率低下的机器，公司员工的幸福感也会很低下，因为员工既辛苦又赚不到钱。

我们始终都要记住这三句话：

一、真正的聪明人，都在偷偷地下"笨功夫"。

二、要重视"砍柴"，更要重视"磨刀"。

三、永远不要用行为上的勤奋，去掩盖认知上的懒惰。